Die Deutsche Bibliothek – CIP Einheitsaufnahme
Fair beraten, gekonnt verkaufen / Peter Kenkel
Stichworte zum erfolgreichen Kundenkontakt
Cappeln: Verlag Peter Kenkel Medien
ISBN 978-3-944419-03-9

Cappeln, Januar 2013
Umschlaggestaltung: Katharina Kuper
Satz: Verlag Peter Kenkel Medien
Druck: Druck & Folie Kuper, Alfhausen
ISBN 978-3-944419-03-9

Inhaltsverzeichnis

Vorwort

Die Zahl der Menschen in der Arbeitswelt, die den Belastungen des beruflichen Alltags schlichtweg nicht mehr gewachsen sind und wegen Erschöpfungszuständen - modern: wegen eines „burn outs“ -, wegen Depressionen oder gar wegen akuter Zusammenbrüche krankgeschrieben werden, wächst in einem erschreckenden Maß.

Die Praxis der Unternehmensberatung für Vertrieb und Verkauf zeigt auf, dass es besonders die verkaufsorientierten Berufe sind, die dem enormen Erfolgsdruck immer weniger standhalten.

Diese Arbeit dient dazu

- Die Effizienz bei Verkaufsgesprächen zu steigern und dadurch die psychische Belastung im Berufsalltag zu lindern
- Den eigenen, täglich praktizierten Beruf im Kontext des gesamten wirtschaftlichen und gesellschaftlichen Zusammenhangs zu sehen, um Distanz zu alltäglichen Belastungen zu gewinnen und wieder „das Große und Ganze“ ins Auge zu fassen
- Das Selbstwertgefühl der Mitarbeiterinnen und Mitarbeiter wieder zu beleben, das nach langen Berufsjahren mit vielen kleinen täglichen Niederlagen und leider mit nicht sehr vielen großen Siegen manchmal am Boden liegt

Diese Broschüre kann unternehmensintern durchaus als Basis für ein Trainingsprogramm genutzt werden, so ist sie konzipiert.

Da die Erfahrung aber zeigt, dass „der Prophet im eigenen Lande“ bekanntlich nichts gilt, ist diese Arbeit vor allem als Grundlage für Führungskräfte in Vertrieb und Verkauf gedacht, die sich externer Berater bedienen wollen, um dem eigenen Vertriebs- und Verkaufsteam die dramatischste Herausforderung eines jeden Unternehmens zu verdeutlichen, nämlich die immense Bedeutung eines jeden einzelnen Beratungs- und Verkaufsgespräch als einzigen Garanten für Umsatz, Gewinn und damit Arbeitsplatzerhalt zu erkennen.

Kein einziger Gedanke dieser Arbeit ist der Theorie entsprungen. Unsere Vita weist aus, dass wir wissen, wovon wir sprechen - aus der Praxis für die Praxis!

Gerade deshalb, weil uns die Berufspraxis in Jahrzehnten aufzeigte, worauf es ankommt, konzentrieren wir uns auf das Nadelöhr, durch das Umsatz, Gewinn und Überleben eines jeden Unternehmens geschleust werden müssen: Auf das Gespräch im direkten Kontakt mit potentiellen oder BereitskundInnen.

Ich griff dabei auf die zeitgemäße Schreibweise „KundInnen“ oder „KäuferInnen“ oder „MitarbeiterInnen“ etc., zurück, um die sperrige, geschlechterspezifische Doppelnennung zu vermeiden.

Der Autor,
im Winter 2012/2013

Das wirtschaftliche und soziale Umfeld

Was kostet ein Beratungs- oder Verkaufsgespräch Ihre Firma - kennen Sie die Antwort? Nein? Das lässt sich nicht berechnen? Oh doch, es lässt sich!

Nehmen Sie die durchschnittlichen Gesamtkosten Ihres Unternehmens für ein Jahr, Fixkosten und variable Kosten, kurz, alle Rechnungen, die bezahlt werden müssen, wohlgemerkt inklusive der Lieferantenrechnungen.

Dann zählen Sie die tatsächlich geführten Gespräche mit potentiellen Kundinnen und Kunden während dieses Jahres, wohlgemerkt nur jene, die sich auf Ihr Angebot, Ihre Produkte oder Dienstleistungen bezogen und in einen Verkauf mündeten oder hätten münden können, und schließlich dividieren Sie Ihre Gesamtkosten durch genau diese Zahl - wie immer das Ergebnis auch lautet, ob zehn Euro oder zehntausend, sie stellt den Wert jedes einzelnen Gesprächs mit potentiellen Kundinnen und Kunden dar.

Denn der zwischen zwei oder mehr Menschen geführte Austausch von Meinungen und Informationen ist nach wie vor das Nadelöhr, durch das beim Fachhandel - in Deutschland meist Facheinzelhandel genannt - Umsatz, Gewinn und damit Rendite geschleust werden.

Wagen Sie, diese Rechnung aufzumachen, sie ist die Motivationsquelle für das Verkaufsteam!

Wenden wir uns zuerst dem zu, was wir «das wirtschaftliche und soziale Umfeld» nennen wollen.

Mag es auch wie überflüssige Theorie klingen, die Erfahrung bei erfolgreichen Unternehmen zeigt, dass nur, wenn der gesamten Belegschaft der Wandel in den Konsumgewohnheiten des angesprochenen Kundenkreises, die neuen Arten der Meinungsbildung für oder gegen Angebote und die gewandelten Wertvorstellungen in unserer

Gesellschaft bewusst sind, Verständnis und Motivation, für das eigene Unternehmen und dessen Stellung im regionalen Wettbewerb einzutreten gefunden werden kann.

Wenn Neukunden gewonnen und Stammkunden gehalten werden sollen, müssen gerade dem Fachpersonal mit direktem Kundenkontakt die veränderten Voraussetzungen des Wirtschaftens in turbulenten Märkten vertraut sein: Das Unternehmensumfeld und der Einfluss dieses Umfeldes auf die Sortimentspolitik, die Leitgedanken der Preispolitik, die Grundlagen der Werbeaussagen des eigenen Unternehmens.

Denn nur was im Gesamtzusammenhang und mit praktischen Beispielen aus dem eigenen Geschäftsalltag erkannt, erklärt, verstanden und akzeptiert ist, kann vom Personal auch gegenüber dem Kunden glaubwürdig, motiviert, vertrauenserweckend und erfolgbringend vertreten werden.

Unternehmen sind eingewoben in ein Netz von Verflechtungen, das sich auch zu Beginn eines neuen Zeitalters weder von einzelnen Verkäufern noch von einzelnen Unternehmen als beeinflussbar, geschweige denn steuerbar darstellt, aber mit der Bedeutung einer Naturgewalt wirkt.

Der dramatische Einbruch des Internethandels bedeutet für den regional verwurzelten Fachhandel die zweite große und zugleich die erste wirklich überlebensbedrohende Herausforderung seit der Entstehung von Großmärkten und Fachmärkten „auf der grünen Wiese“, denn sie geht einher mit der Entsinnlichung des Einkaufens ebenso wie mit der Möglichkeit für jede und jeden, ohne die Wohnung zu verlassen, Spezialartikel weltweit auf den Bildschirm zu zaubern und dank der Effizienz der meisten Lieferanten auch meist wenige Tage später als Postpaket in Händen zu halten - welch revolutionäre Entwicklung seit dem klassischen „Tante-Emma-Laden“!

Was ist diesen unbestreitbaren Vorteilen entgegenzuhalten - neue Erkenntnisse oder bewährte Erfahrung? Wie reagieren? Kann sich der Fachhandel auf alte Stärken besinnen? Wie sind diese zu aktivieren?

Und schließlich: Genügt es noch, wie gewohnt um neun Uhr den Schlüssel im Schloss zu drehen und darauf zu warten, dass Kunden erscheinen, die dann im klassischen Stil „beraten“ werden?

Die vorliegende Arbeit beschränkt sich - mit der Brille der Praxis auf der Nase - in diesem komplexen Umfeld auf jenen Moment, in dem die potentielle Kundin, der potentielle Kunde sich bereits im Ladengeschäft befindet - also mit dem Beratungs- und Verkaufsgespräch als Nadelöhr, durch das Umsatz und Gewinn jedes Unternehmens geschleust werden müssen.

Weil dabei jedoch der Mitarbeiterin oder dem Mitarbeiter im Verkauf stets die Bedeutung des jeweils geführten einzelnen Gesprächs bewusst sein müssen, handeln die ersten beiden Kapitel von den beiden jeden Kundenkontakt bestimmenden Hauptfaktoren - wirtschaftliches Umfeld und psychologische Faktoren -, die sozusagen wie unsichtbare Scharfrichter hinter jedem einzelnen Gespräch lauern.

Konkurrenz

Erkenntnis

In einer Gesellschaft, in der die Anzahl der Angebote die Anzahl der Nachfrager übersteigt - kurz genannt Verkäufermarkt, weil mehr Verkäufer als Käufer -, erfährt der Konkurrenzbegriff eine entscheidende, neue Prägung:

- Konkurrent des Bettenfachhändlers ist nicht mehr nur der zweite Bettenfachhändler am Ort!
- Konkurrent des Reisebüros ist nicht mehr nur das zweite Reisebüro am Ort!
- Konkurrent des Möbelhändlers ist nicht mehr nur der zweite Möbelhändler am Ort!

Konkurrent ist vielmehr jede Anbieterin, jeder Anbieter, die oder in der Lage und gewillt ist, an das verfügbare Geld möglicher KäuferInnen zu gelangen!

Konkurrent ist jeder, der für sein Angebot interessierte KäuferInnen findet; Konkurrent ist jeder, der in der Lage und gewillt ist, mögliche Kunden davon zu überzeugen, dass ihr oder sein Angebot hier und jetzt als die attraktivere Möglichkeit allen anderen Angeboten vorzuziehen ist!

Verschärft wird die allgemeine Konkurrenzierung noch durch den Einbruch eigentlich „artfremder“ Anbieter in die Vermarktung von Produkten, die eigentlich dem Fachhandel vorbehalten waren: das Beispiel von Kaffeeröstern, die Schirme und Textilien, Taschenrechner und Landkarten feilhalten, von Lebensmittelgroßverteilern, die von Herrenhemden bis zu Schreibblöcken nahezu alles verschleudern, belegt diese Gefahr für den Facheinzelhandel.

Nach der Deckung des wesentlichen Grundbedarfs in unseren zentraleuropäischen Gesellschaften wird der Konkurrenzbegriff geprägt durch die Tatsache, dass Käufe nicht mehr vom Brauchen, sondern vom Wollen potenter Käufer entschieden werden.

So spielt sich Konkurrenz im Wesentlichen nicht mehr, wie gewohnt, ausschließlich auf der Ebene des Vergleichs zwischen den Preisen und des Vergleichs zwischen den unterschiedlichen Qualitäten und Ausführungen der Produkte ab.

Das Schlachtfeld des Konkurrenzkampfes hat eine entscheidende Verlagerung erfahren: vom Schaufenster und vom Ladentisch der Fachhändler in die Köpfe, in das Bewusstsein, in das Erinnerungsvermögen und in das momentane Wollen oder Nichtwollen der möglichen Käufer - und ist damit von einem Wettbewerb der Fakten zu einem Wettbewerb der Wünsche, Träume und Vorstellungen geworden!

Konsequenz

Die Tatsache, dass mit weniger (= weniger Grundbedarf, weniger möglichen Kunden, weniger unverwechselbaren Angeboten etc.) mehr erreicht werden muss (= mehr Gewinn, mehr Umsatz pro Kauf, höherer Bekanntheitsgrad etc.), wirkt sich von der Gestaltung der Angebotspalette über die Art und Weise der Werbung bis hin zum geplanten und konzentrierten Aufbau des Beratungs- und Verkaufsgespräches aus.

Nur gekonnte, glaubwürdige und reizvolle Darbietung des eigenen Angebotes - bezogen auf die Aussagen in Inseraten bis zu den entscheidenden Minuten des Beratungs- und Verkaufsgespräches im Ladengeschäft - verdrängt mögliche Alternativentscheidungen für ein anderes Angebot aus dem momentanen Bewusstsein und Verlangen möglicher Käufer!

Weil die Alternativen „neues 3D-Fernsehgerät", „Abenteuerkurzferien im indischen Dschungel", „Spottbilliger Heimcomputer", „Intensivsprachkurs zum beruflichen Weiterkommen" oder „Modellkleider ab Atelier zu Sonderpreisen" stets gleichsam mit der Tarnkappe auch im eigenen Laden stehen, gilt es, die einzigartige Bedeutung, ja Notwendigkeit, sowie den außerordentlichen Nutzen gerade des eigenen Angebotes als dem hier und jetzt Wichtigsten in jeder Beziehung hervorzuheben - was einzig in den Minuten des persönlichen Kontakts und der direkten Einflußnahme im Rahmen des Beratungs- und Verkaufsgespräches entsprechend deutlich und eindrücklich geschehen kann.

Spezialisierung

Erkenntnis

Vergleichbar der Entwicklung in der Natur (Evolution) zeigt auch die wirtschaftliche Entwicklung immer deutlicher auf, dass Überleben allein durch eine spezialisierte Ausrichtung auf die jeweilige Energiequelle gesichert ist.

Wie für die Pflanzen das Sonnenlicht, für die Tiere die jeweilige Beute, so ist für ein Unternehmen eine ausreichende Anzahl interessierter und zahlungswilliger Kunden die einzige Überlebensgarantie!

Auf das Überleben von Unternehmen turbulenten Märkten ausgerichtet, lautet die Fragestellung nach der möglichen Spezialisierung:

„Was kann, was bietet, was leistet unser eigenes Angebot, unser eigenes Unternehmen insgesamt besser (z. B. präziser, schöner, haltbarer, hochwertiger), rascher oder preisgünstiger als jedes Konkurrenzangebot und jedes Konkurrenzunternehmen?“

Jede Energie gewinnt durch Konzentration auf einen Punkt an Wirkung - das sog. Energiekonzentrationsgesetz, am besten verständlich durch das Beispiel des Brennglases.

Verzettelung im Angebot als das Gegenteil der Konzentration auf den „brennbarsten“ Punkt - die Schwächen der Konkurrenz, die eigenen Stärken, Möglichkeiten und Fähigkeiten - bedeutet nicht nur Zersplitterung der Kräfte, sondern auch, aus Kundensicht, ein verschwommenes Profil, eine erschwerte Zuordnung, auf gut deutsch: Ein Ladengeschäft ist dann „weder Fisch noch Fleisch“...

Da der Grundbedarf an Waren und Dienstleistungen mehr als reichlich gedeckt ist (s. Stichwort „Konkurrenz“), gilt immer dringender, durch Spezialisierung und durch Spezialangebote neue Bedürfnisse zu wecken, schlummernde Bedürfnisse in konkrete Kaufwünsche zu verwandeln, um damit das eigene Unternehmen aus der Vergleichbarkeit mit der Masse anderer Unternehmen abzuheben, einer Vergleichbarkeit, die sich ansonsten in der Regel lediglich auf einfache Preisvergleiche bei annähernder Gleichheit des Angebotes beschränkt.

Als gelungene Spezialisierung wird im Bereich des Fachhandels die Kombination zwischen der Befriedigung mindestens eines Spezialbedürfnisses mit mindestens einem der drei Faktoren „besser, rascher, preisgünstiger“ betrachtet.

Ein gegebener Faktor bedeutet Marktvorsprung, *alle drei* Faktoren in Kombination absolute Marktführerschaft!

Konsequenz

Um längerfristig diese ausreichende Anzahl interessierter und kaufwilliger Kunden für das Angebot eines Fachgeschäftes zu gewinnen und zu behalten, muss dieses Angebot und die Präsentationsweise dieses Angebotes (Werbung, Schaufenstergestaltung, Warenpräsentation im Laden, Dekoration, Beratungs- und Verkaufsgespräch und Demonstrationsmittel) *Werte und Problemlösungen* ansprechen und aufzeigen, die *im Zeitgeist* liegen und damit die Chance zur Spezialisierung durch Aktualität bieten.

Obsiegen im Wettbewerb um Kompetenz, Anerkennung, Sympathiewert und damit um Kunden im Laden und Bares in der Kasse werden jene Unternehmen, denen es gelingt, Nutzen und Werte zu vermitteln statt nur „Produkte“ zu verkaufen;

Unternehmen, die *vom „Warenangebot“ zum „Nutzenangebot“ wechseln*, also beispielsweise

- seelisches Wohlbefinden und körperliche Gesundheit *zu* verkaufen statt Luftbefeuchter, Naturtextilien, Klimaanlagen, Kurzferien am Mittelmeer;
- wiedergewonnene Lebensfreude und neue Freundschaften durch Geselligkeit anzupreisen statt Wochenendbusreisen, Biosauna, Tenniskurse oder einer guten Kapelle im neuen Tanzlokal;
- innere Kraft durch Ruhe, Selbstfindung und Harmonie zu vermitteln statt elektrisch verstellbarer Sitzbetten, schalldichter Fenster, Warmwasseraquarien oder Wanderausrüstungen.

Wem gelingt, sein Fachgeschäft nicht als ein Warenlager, vollgestopft mit preisgünstigen Sonderangeboten, zu betrachten, sondern es anzusehen als einen *Treffpunkt von Spezialwünschen, Spezialt-*

räumen, Spezialwertvorstellungen und Spezialnutzen, gewinnt Kompetenz - und KundInnen!

Das gute Fachgeschäft ist gekennzeichnet durch spezialisierte Ausrichtung am materiellen (greif- und meßbaren) und am immateriellen (vorgestellten, erwarteten) Nutzen, der sich mit dem Besitz eines Produktes oder der Inanspruchnahme einer Dienstleistung verbindet.

Es ist gekennzeichnet durch spezialisierte Ausrichtung an der Darbietungs- und Argumentationsform, die diesem Nutzen entspricht: einem konzentrierten, qualifizierten Verkaufs- und Beratungsgespräch!

Berufskonsumenten

Erkenntnis

Kaum eine Erscheinung prägt unsere zentraleuropäische Zivilisation dermaßen wie die routiniert absolvierten, millionenfachen täglichen Kauf- und Konsumakte. Aus dem Waren- und Dienstleistungsmeer schöpfen wir vom Baby- bis zum Greisenalter in jeder Sekunde mit einer durch Gewohnheit, Nachahmung, Werbung oder Finanzmittel gesteuerten bzw. begrenzten Selbstverständlichkeit, die auf dem Überfluss von Angeboten und Mitteln zu deren Erwerb fußt.

Dieser Einsicht steht auch der moderne Begriff der freiwilligen Konsumbeschränkung nicht entgegen. Denn abgesehen von einer dünnen, kaum nennenswerten Schicht der „Totalverweigerer" bedeutet Konsumbeschränkung nicht, dass nichts mehr gekauft wird. Es wird nur bewusster und sinnvoller gekauft, was bedeutet, dass kritischere Auswahl und Beachtung der Angebote vorausgeht.

Ein Reizwort für Verkäufer, ein Trumpf in den Anforderungen des Kunden ist der moderne Begriff „Preis-Leistungsverhältnis" das nach allgemeiner Auffassung „stimmen" muss, um vorinformierte, mobile Kunden überhaupt für ein Angebot zu interessieren - ein Beispiel für ein Wortspiel, das für einen abstrakten und kaum je präzise zu beschreibenden Zustand steht, aber immerhin: Dieser Trumpf sticht.

Geht man davon aus, dass es in den Ländern Zentraleuropas unmöglich ist, auch nur einen Tag zu verbringen, ohne wenigstens einige Male Geld gegen Leistung zu tauschen - Dienstleistungen wie Busfahrten, Telefonate, chemische Reinigung oder Energiebezug eingeschlossen -, kann man wahrhaft davon sprechen, dass Kaufen und Verbrauchen mit geradezu professioneller Routine erfolgen.

Konsequenz

Lebenslanges Kaufen und Konsumieren bedeutet nicht immer ein kritisches Kaufen und Konsumieren.

Wiederholungskäufe und Dauerkonsum schärfen jedoch den Blick und das Empfinden für Wahrheit und Klarheit in Werbung, Angebot und Darbietung.

Das lebenslange Berieseltwerden mit Reklame und Produktbeschreibungen, die lebenslange Routine im Umgang mit Verkäuferinnen und Verkäufern und mit Warenauslagen unter gleichzeitigem Wissen um die eigene Marktmacht erhöhen in unseren Tagen - am Ende des Brauchens - erheblich die Hemmschwelle für Käufe bei mäßiger Darbietung (miserable Beratung) und offensichtlichen oder vermuteten Schwächen und Mängeln bei Produkten und versprochenen Leistungen (Misstrauen bei oberflächlicher Präsentation).

Problemloser und wenig beratungsbedürftiger Grundbedarf - Zucker, Filterpapier, Flaschenbier, Glühlampen, Massentextilien etc. - wird dort gedeckt, wo „die Preise stimmen“. Hochwertiges wird, bei ansonsten relativ schwieriger Vergleichbarkeit von Qualität und Preisen, dort gekauft, wo Beratungsqualität und -intensität bekanntermaßen stimmen (Ruf, Sympathiewert von Fachgeschäften), oder aber vermehrt auch dort, wo Kaufen „Erlebnis“ ist (z. B. in schillernden Einkaufszentren mit hohem Attraktionswert).

Da Kaufen, als eine in der Freizeit ausgeübte Tätigkeit, mehr und mehr mit Elementen der Freizeitgestaltung vermischt wird, werden nicht nur die Geschäfte kritischer gewählt, sondern auch Wege und Umwege, Zeitaufwand oder Zeitgewinn, interessante Ablenkung oder die Nervenbelastung bei der Entscheidung, wo gekauft wird, in die Waagschale geworfen.

Kurz: Berufsverkäufern stehen als wichtiger Faktor einer veränderten Wirtschaftslandschaft mehr und mehr überlegte, im Kaufen geschulte, immer schwerer für angebliche Superangebote zu begeisternde Käufer gegenüber - Berufskonsumenten...

Potential

Erkenntnis

Potent - aus dem Lateinischen, sinngemäß „mächtig, kräftig, vermögend“ - nennt man im Wirtschaftsleben Personen und Unternehmen, die über ausreichende Finanzmittel zum Kauf auch teurer Produkte verfügen; der Begriff „potentiell“ besagt, erweiternd und aufbauend auf der „Potenz“, dass es sich um mögliche und fähige Kunden - potentielle Kunden - handelt, die „könnten, wenn sie nur wollten...“

Das Käuferpotential des Fachgeschäftes, als Gesamtheit der möglichen Nachfrage im jeweiligen Einzugsgebiet, findet seine Grenzen mengenmäßig (quantitativ) in der Einwohnerzahl der erreichbaren und angesprochenen Region; wertmäßig (qualitativ) in den finanziellen Möglichkeiten und der schwankenden (latenten) Bereitschaft der möglichen Kunden, diese Mittel auch auszugeben.

In den letzten Jahren zeichnen sich rapide Veränderungen in den Einkommensstrukturen, den Verbrauchs- und Lebensgewohnheiten sowie im sozialen Bereich der Bevölkerung Zentraleuropas ab:

- Frauen arbeiten vermehrt, auch in besser bezahlten Berufen
- Sie verfügen oft selbst über dieses Einkommen und entscheiden alleine über dessen Verwendung
- Nicht zuletzt durch den Wandel der Stellung der Frau in der Gesellschaft und in der Familie als mitentscheidender Partner, auch im Wirtschaftsbereich, verfügen Frauen über ein höheres Ausgabenpotential, selbst wenn sie nicht selbst verdienen (Mitsprache)
- Die Zahl der Einzelhaushalte bzw. der Haushalte mit Doppel-

verdienern ohne Kinder steigt - und damit steht pro Haushalt in der Regel mehr freies Einkommen zur Verfügung

- Das Einkommensniveau ist allgemein hoch
- Der Trend zu hoher Qualität steigt. Man geniert sich nicht mehr zu zeigen, „dass man hat und dass man kann". Diese Entwicklung verstärkt sich übrigens auch in Kreisen durchschnittlicher Verdiener
- Die Gewichte zwischen ererbtem und erworbenem Vermögen verschieben sich: Mehr ererbter Besitz an langlebigen Gütern und an „flüssigem" Vermögen lässt höhere Ausgaben für laufenden Konsum und Luxus zu
- Eine nie vorher gekannte Mannigfaltigkeit der Lebensstile und der Lebensgestaltung hat eine neue Mannigfaltigkeit der Einkaufsgewohnheiten, der Erwartung an angebotene Waren und deren attraktive Präsentation zur Folge
- Eine wachsende Sensibilität gegenüber steriler, liebloser Einkaufsatmosphäre geht Hand in Hand mit der steigenden Abneigung gegen Massenabfertigung, Massenprodukte, unübersichtliche Handelshäuser zugunsten phantasievoller, die Individualität ansprechende Warenpräsentation - wie sie der Fachhandel bieten kann.

Konsequenz

Für den Verkauf im Fachhandel bedeutet dies: Es ist nicht mehr auf den ersten Blick erkennbar, welcher Einkommensklasse die jeweiligen Gesprächspartner angehören, welche Konsumgewohnheiten gepflegt werden und wie hoch die Bereitschaft zur Anschaffung auch hochwertiger, teurer Angebote ist.

Keine Seltenheit in der heutigen Einkaufslandschaft sind z. B. der Abteilungsleiter mit 8000,- € netto, aber beim Einkauf in Jeans und Sporthemd anzutreffen; das sparsame Rentnerehepaar mit 4500,- € incl. Betriebsrente und privater Lebensversicherung; der junge EDV-Spezialist und Bio-Fan, mit Fahrrad und Nickelbrille und einem Jahreseinkommen von 150 000.- €.

Denn im Gegensatz zu früheren Zeiten werden sozialer Status und Vermögen nicht in jedem Falle auch beim Einkaufen zur Schau getragen, das sich, wie erwähnt, vermehrt spontan und meist in der Freizeit abspielt (s. Stichwort „Berufskonsumenten“»).

Statistiken und Erfahrungen der jüngsten Zeit belegen andrerseits, dass „freies Geld für gute Angebote“ von Kundentypen unterschiedlichsten Auftretens ausgegeben wird. Es gilt daher als Todsünde des Verkaufspersonals, aus Gewohnheit, argumentativer Schwäche oder aufgrund des Schielens nach der eigenen Einkommenshöhe und der eigenen Ausgabegrenze grundsätzlich nur über den billigen Preis zu verkaufen.

Ein unerklärliches Phänomen ist die uns „Berufskonsumenten“ anscheinend innewohnende, individuelle Messlatte, die wir prüfend an jeden Preis anlegen: Nach Bruno Tietz ist und bleibt der Preis das Nadelöhr, durch das alle Waren und Dienstleistungen geschleust werden müssen - gewissermaßen das Nadelöhr im Nadelöhr.

Herauszufinden, wo die individuelle „Preishemmschwelle“ des jeweiligen Interessenten liegt, erfordert feine Beobachtung und verkäuferisches „Fingerspitzengefühl“ -feste Richtlinien gibt es keine!

Maßstab für das Qualitäts- und Preisniveau des dem Kunden unterbreiteten Angebotes darf für eine Verkäuferin oder einen Verkäufer jedenfalls niemals das eigene Bankkonto oder das eigene „Zu-teuer-Empfinden“ sein. Erforderlich ist auch hier ein Wechsel der Perspektive, des Standpunktes. Verkäuferin und Verkäufer sollen, wie Lange-Prollius formuliert, gleichsam „im Gehirn des Kunden spazierengehen“ und sich damit auch dessen Möglichkeiten oder Interessen - sein Potential - als Maßstab für einen Kaufentscheid zu eigen machen.

In Zeiten, in denen Geld in der Regel verfügbar oder aber leicht und billig erhältlich ist, z. B. bei gleichmäßigem Einkommen, ist gerade nicht der Preis die Grenze der Möglichkeiten, sondern die Stärke des Verlangens (s. auch Stichwort „Willensbildung“ und „Lust und Unlust“ sowie „Perlenkette“).

Oftmals mobilisiert die Kraft des Besitzwunsches (gefühlsmäßiges Wollen) die Mittel zum Kauf - und hilft damit, das wahre Potential auszuschöpfen!

Anbietermacht

Erkenntnis

Stellen die Nachfrager - also wir alle als interessierte Kunden - durch die Entscheidung für oder gegen bestimmte Waren und Dienstleistungen und für oder gegen bestimmte Kaufstätten (Fachhandel oder Selbstbedienungsläden, Einkaufszentren oder Tante-Emma-Läden) eine bedeutsame Marktmacht durch viele verschiedene Einzelpersonen und unzählige einzelne Kaufakte dar, ist es auf Anbieterseite genau umgekehrt.

Das wirtschaftliche Umfeld des Fachhandels wird von wachsender Konzentration geprägt: mehr oder minder freiwillige Zusammenschlüsse von Handelsriesen unter einem gemeinsamen Konzerndach und die wachsende Einflussnahme darauf, was und wie produziert wird. Dies wird auch erreicht durch den Ankauf von oder die Beteiligung an Zuliefererbetrieben (sog. vertikale Diversifikation).

Eine direkte Auswirkung dieser wachsenden Anbietermacht ist vor allem die Möglichkeit zur scharfen und damit für den Konsumenten meist günstigen Kalkulation der Preise. Denn Handelsriesen können billiger einkaufen und durch zentrale Organisation Waren rascher und kostengünstiger umschlagen. [1)]

Weiterhin wirkt sich die Möglichkeit von Kaufhäusern und Handelsriesen, durch höhere Werbebudgets und den Einsatz eigener Spezialisten häufiger, auffälliger, aufwendiger und überregional werben zu können, auf die Konkurrenzsituation im Fachhandel aus.

Handelsriesen können Meinungsbildung für die eigenen Angebote also effizienter betreiben als der einzelne Fachhändler.

Für die Zukunft zeichnet sich daher ein sog. „Systemwettbewerb“ ab zwischen den zwei Formen des Ladenverkaufs: der „zweidimensionalen“ Darbietungsform mit der Zweierbeziehung Ware - Kunde (die bekannte Selbstbedienung mit Produktinformation ausschließlich über Verpackungsaufdruck und Displaymaterial) und der „dreidimensionalen“ Darbietungsform mit der Dreierbeziehung Ware - Verkaufspersonal - Kunde.

Wobei das Beispiel der Drogerie- und Heimwerkerfachmärkte zeigt, dass auch die zweidimensionale Warenpräsentation nicht das Aus für den Begriff des Fachhandels an sich bedeutet - aber das Aus für eine Vielzahl qualifizierter Fachkräfte im Angestelltenverhältnis des Facheinzelhandels.

Konsequenz

Vor allem durch die effiziente und allgegenwärtige Werbung haben Handelsriesen den ersichtlichen Vorteil, mit ihrem Angebot dauerhafter und gezielter zum möglichen Kunden zu gelangen.

Da dies aber erfahrungsgemäß meist durch Sonderangebote und durch Locken mit einem Billigpreis geschieht, werden Handelsriesen in unser aller Meinung gleichzeitig auch in die Schublade „billig, aber wenig spezialisiert“ gedrängt - erster Ansatzpunkt für den Fachhandel, einen wichtigen Aspekt eigener Anbietermacht herauszustreichen: Spezialangebote zu fairen Preisen (s. Stichwort „Spezialisierung“).

Zudem beweist auch die Tatsache der in Kaufhäusern und Einkaufszentren hochgepriesenen „unbeeinflussten Auswahl“ ihre Kehrseite: Der Interessent erwartet dort in der Regel kaum hochqualifiziertes Personal für intensive Beratungsgespräche auf einem gewissen Niveau.

Die Anbietermacht der Handelsriesen wird also - zumindest in der allgemeinen Meinung - deutlich begrenzt durch die vermeintliche oder tatsächliche Schwäche der Beratung und Präsentation: zweite Chance zum Ansetzen der Anbietermacht der Fachgeschäfte durch das ausdrückliche Hervorheben fachlich und menschlich kundenfreundlicher Beratung!

Gelingt es den Fachgeschäften, auch in der Meinung der Öffentlichkeit, die zweifellos hohe Qualifikation des Verkaufspersonals mit einer glaubwürdigen Preisargumentation und einem echten Kauferlebnis (s. Stichwort „Kauferlebnis“) zu koppeln, ist der Anbietermacht der „Riesen“ Vorzeigbares entgegenzusetzen.

Das vollumfängliche Einlösen des Versprechens, das ein Fachgeschäft mit den vorgenannten Argumenten abgibt - Beratungsqualität, nach

Qualitätskriterien ausgewähltes Warenangebot und eine übersichtliche und attraktive Präsentation -, erfolgt einzig über das einzelne Beratungs- und Verkaufsgespräch als kürzeste und effizienteste Mitteilungseinheit im Verkauf; also durch die einzelne Verkäuferin, den einzelnen Verkäufer, im Rahmen der „Mitteilungsveranstaltung" Beratungs- und Verkaufsgespräch.

Was könnte eindrücklicher die Bedeutung des Verkaufspersonals und des geplanten Beratungs- und Verkaufsgespräches aufzeigen als der Druck der Anbietermacht der Konkurrenz?

Zusammenfassung:
Bedeutung für das einzelne Beratungs- und Verkaufsgespräch

Die Schlussfolgerungen aus der Betrachtung des wirtschaftlichen Umfeldes, in dem sich Fachgeschäfte heute und verstärkt in den nächsten Jahren behaupten müssen, lauten:

- Die Entscheidung über ein Verbleiben im Wettbewerb mit konkurrierenden Großverteilern, mit gleichartigen Fachgeschäften, mit neu aufkommenden Alternativläden und mit dem Versandhandel, verlagert sich nachdrücklich auf die zwei Faktoren „Attraktivität nach außen“ (Sympathiewert der Unternehmen und die Aura ihrer Kompetenz) und die Überzeugungskraft im Beratungs- und Verkaufsgespräch (Qualifikation und persönliche Ausstrahlung des Personals);
- Die veränderte Konkurrenzlandschaft mit stets präsenten Angeboten, Geld auszugeben (Konkurrenz);
- die notwendige Spezialisierung auf die Befriedigung der Anforderungen des Zeitgeistes (Spezialisierung);
- die wachsende Cleverness und Sättigung von uns allen in der Rolle als Käufer und Konsumenten (BerufskonsumentInnen);
- ein zahlenmäßig schrumpfendes, aber wertmäßig steigendes Potential für spezialisierte Angebote (Potential) und die Aufgabe, den Kundenerwartungen an die Leistungen des Fachgeschäftes in Konkurrenz mit der Anbietermacht der Handelsriesen gerecht zu werden (Anbietermacht)

zeigen auf, dass das geplante, fesselnde, natürlich-glaubwürdige, konsequent geführte Beratungs- und Verkaufsgespräch neben wachsender Konkurrenz den Schlüssel zum Überleben darstellt - das Beratungs- und Verkaufsgespräch als Nadelöhr für Absatz, Umsatz, Kasse und Gewinn!

„Annähernd zwei Millionen Jahre dauerte die steinzeitliche Kindheit des Menschen, in welcher er Konfliktsituationen und außergewöhnliche Eindrücke nach Art psychologischer Archetypen*) gespeichert hat.
Das sind rund 60000 Generationen von Steinzeitahnen, deren geistiges und psychologisches Erbe der Mensch von heute unbewusst zu tragen hat, ob es ihm nun recht ist oder nicht.
Alle kulturellen Anstrengungen der 150 bis 200 nachsteinzeitlichen Generationen haben nicht vermocht, das steinzeitliche Erbe völlig zu bewältigen. Die Nachsteinzeit war zu kurz, um unser kollektives Unterbewusstsein von steinzeitlichem Gedankengut zu befreien.
Wieviel Steinzeitdenken steckt im modernen Menschen?“
Aus: .Die Steinzeit ist noch nicht zu Ende“
H. & Wunderlich, Rowohlt 1974.

*) Ein „Archetyp“, aus dem Griechischen stammend, ist eine Urform, ein urtümlich maßgebendes Musterbild. Der bekannte Psychologe C. G. Jung führte den Begriff als „das Leitbild menschlicher Grunderfahrung“ in die Psychologie ein („archetypisches Verhalten“).

Psychologisches Grundwissen für den Verkaufsalltag

Die vielfältigen gesellschaftlichen Konflikte unserer Tage fußen zu einem Großteil auf Spannungen aufgrund unausgetragener Gegensätze in uns selbst.

Als deutliches Indiz dafür, dass wir dies meist auch ahnen, kann das allgemein wachsende Interesse an Fragen der Psychologie, der Menschenkenntnis und der Suche nach Ratschlägen zur Lebensbewältigung gelten.

Explosive Kraft barg von jeher die Auseinandersetzung mit jenem Teil unserer Persönlichkeit, dessen Reaktionen vom sogenannten „nüchternen Verstand“ am wenigsten beeinflussbar und steuerbar sind.

Aber es sind gerade jene Kräfte - man nennt sie Triebe oder Instinkte, Reflexe oder endogene Reize -, denen unbestreitbar mehr Einfluss über unser aller Tun und Lassen zufällt als den Entscheidungen des reinen, abstrakten Denkens.

Wie die moderne Verhaltensforschung unwiderlegbar bezeugt, steuert die sogenannte Emotionalität unsere Entscheidungen in der eindeutig überwiegenden Zahl - man spricht von zwei Dritteln bis drei Vierteln - und verweist damit den hochgelobten Verstand eindeutig auf einen nachrangigen Platz! Wir leben mit der Notwendigkeit, dieses schmerzliche Tabu „Steinzeitmensch in uns“ verstehen zu müssen.

Wie rasch aber lernen wir, diesen Teil unserer Persönlichkeit zu akzeptieren und zu beherrschen, zu integrieren, ausgewogen einzupassen in unser Wesen, ihm seinen würdigen und notwendigen Platz im Konzert der gesamten persönlichkeitsbildenden Kräfte zuzuweisen, aber ihn in seiner Urgewalt zu bremsen?

Und wissen wir denn, ob eine nur vom Verstand gesteuerte Verhaltensweise überhaupt möglich, wenn ja, überhaupt wünschenswert ist? Wissen wir von der Schutzfunktion des Instinkts und der vielleicht größeren Treffsicherheit des Unterbewusstseins bereits alles, was wir darüber wissen können...?

Besonders für den Bereich des Facheinzelhandels mit täglichem, direktem Kundenkontakt und der Notwendigkeit, ständig mit anderen, oft gänzlich unbekannten Menschen umgehen zu müssen und im Wettbewerb um die Aufmerksamkeit des modernen Menschen zu bestehen, ist es eine Überlebensfrage, sämtliche die menschliche Willensbildung beeinflussenden Faktoren zumindest zu kennen.

Es gilt zudem, ihnen durch an diesen Erkenntnissen ausgerichtete Methoden der Warenpräsentation und vor allem des Beratungs- und Verkaufsgespräches Rechnung zu tragen.

Ihre Missachtung bedeutete und bedeutet stets das Aus im zwischenmenschlichen Bereich: Die Reaktionen des Unterbewusstseins entziehen sich nahezu völlig unserem Einfluss, steuern, fördern oder bremsen unser Wollen aber mit der Wirkung einer Naturgewalt.

Merke: Das Unterbewusstsein ist einem Eisberg vergleichbar. Nur ein kleiner Teil davon ist in äußeren Haltungen und Reaktionen zu erkennen. Aus diesem Grunde reagieren zwei Menschen meist bereits grundsätzlich positiv oder negativ aufeinander, bevor sie überhaupt in einen bewussten Dialog treten - die Massen ihrer „Eisberge“ berühren sich lange vorher „unter der Oberfläche“...

Die nächsten sechs Stichworte enthalten eine Zusammenfassung jener Faktoren, die mögliche Kunden tatsächlich zu Kunden machen können, aber bei Missachtung umgekehrt statt Zuwendung endgültige Abneigung gegen ein Fachgeschäft und dessen Personal bzw. gegen die einzelne Verkäuferin, den jeweiligen Verkäufer erzeugen können - und dies in der Regel ohne direktes, bewusstes Zutun des Gesprächspartners!

Willensbildung

Erkenntnis

Die Frage nach den Faktoren der menschlichen Willensbildung beschäftigt seit Jahrtausenden nicht nur Philosophen und Gelehrte, sondern in unseren Tagen vor allem auch Produzenten, Werbeagenturen und Verkäufer.

Dies geschieht unter dem Druck der Notwendigkeit, Aufmerksamkeit für Kaufangebote zu erheischen, eine Entscheidung zugunsten des eigenen Angebotes herbeizuführen statt für das der Konkurrenz.

Untersuchungen zeigen unwiderlegbar auf, dass selbst Entscheidungen im angeblich sachlich-nüchternen Bereich der Investitionsgüter - Maschinen, Anlagen, Bauwerke etc. - neben den zweifelsohne wichtigen technisch-wirtschaftlichen Aspekten zu einem maßgeblichen Teil von der Emotion beeinflusst werden.

Schwer wiegen Sympathie oder Antipathie gegenüber Gesprächspartnern oder Unternehmen oder gegenüber der Darbietungsweise eines Angebotes.

Ausstrahlung von Beratern und Verkäufern, Ruf und Referenzen von Unternehmen, die Darbietungsweise eines Angebotes durch farbenprächtige Kataloge, rhetorisch brillante Vorträge und aufsehenerregende Vorführungen sind in der Lage, entgegenstehende Vernunftargumente rosarot zu färben oder aber umgekehrt offensichtliche Vorteile eines Angebotes durch gefühlsmäßige Vorbehalte zu verdüstern.

Das Parlament der Triebe, wie es Konrad Lorenz nennt, wird im Bereich der Wirtschaft keineswegs außer Kraft gesetzt.

So kann der uns allen eigene Imponiertrieb (Stolz, Eitelkeit), verletzt durch einen überheblich auftretenden Verkäufer, mögliche Gespräche rasch scheitern lassen, weil das Selbstwertgefühl des Ansprechpartners ignoriert oder gar verletzt wird.

Trägt eine Verkäuferin aber umgekehrt dem bei einem Besucher als besonders ausgeprägt erkannten Sicherheitstrieb Rechnung (Angst vor Fehlentscheidungen und Lächerlichkeit oder finanziellem Verlust), z. B. durch gekonntes Aufzeigen vertrauenerweckender Referenzen, Garantieleistungen oder den Hinweis auf das langjährige Bestehen der Lieferfirma, treten andere, technische oder wirtschaftliche Aspekte für diesen Gesprächspartner sofort in den Hintergrund, hat sich der Kunde rasch entschieden, oft schon nach Minuten „innerlich gekauft“!

Konsequenz

An der Verkaufsfront müssen sich die Damen und Herren im Fachhandel dieser Mechanismen, die keine Sekunde verstummen, bewusst sein.

Die zweifellos mitspielende Vernunft in Entscheidungsprozessen für oder gegen ein Angebot tritt in Gesprächen im schwer durchschaubaren Wechsel hinter jene Reaktionen zurück, die unserem direkten Einfluss entzogen sind, aber, gleichsam unbewusst wie das Atemholen, unser Dasein mehr oder weniger spürbar begleiten.

Der Blick für diese Erscheinungen kann in erster Linie durch eine gesteigerte Selbstbeobachtung und nüchterne Selbstkritik geschärft werden.

Ein Beratungs- und Verkaufsgespräch, das diesen unbarmherzigen Drahtziehern einer Kaufentscheidung Rechnung tragen muss, wird im Wesentlichen aus Bausteinen zusammengesetzt, die den emotionalen - und damit trieb- und instinktgesteuerten Reaktionen gleichermaßen Rechnung tragen.

Die Frage „Was ist an unserem Angebot, unserem Produkt, unserer Dienstleistung emotional?“ prägt zu einem wesentlichen Teil das Ergebnis erfolgreicher Werbung und erfolgreicher Beratungs- und Verkaufsgespräche.

Nicht zuletzt die Autoindustrie mit ihrer gekonnten Mischung zwischen chromglitzernder Lederlenkrad-Erotik und angeblich nüchternen Zahlenwerken zu Beschleunigung und „Umweltfreundlichkeit“ beweist, dass Emotionalität auf eine brillante Weise Vernunftargumente übertrumpft - die oft steinzeitlichen Komponenten unserer Willensbildung spielen dabei die entscheidende Rolle!

Lust und Unlust

Erkenntnis

Wie unter dem Titel „Willensbildung“ aufgezeigt, prägen Gefühle unser aller Entscheidungen auch im Rahmen eines Gespräches im Fachgeschäft.

Warum verlassen wir manche Läden geradezu fluchtartig nach einigen Augenblicken, obwohl dort offensichtlich Angebot und Preise attraktiv wären?

Warum wühlen wir umgekehrt oft länger als eigentlich nötig in einem ansprechenden Warenkorb eines ansonsten nüchternen Geschäftes?

Warum meiden wir jahrelang bestimmte Geschäfte, obwohl es dafür doch keinen „vernünftigen“ Grund gibt?

Es ist das Diktat von Lust und Unlust, das, wie ein innerer Thermostat, in bestimmten Situationen, bei bestimmten Menschen, in einer bestimmten Atmosphäre entweder fasziniert ausharren lässt oder bei anderen Anlässen umgekehrt geradezu in Panik versetzt: eine ständig unruhige, hektische Atmosphäre (Gesprächskulisse) in einem ansonsten geordneten Ladengeschäft; Umkleidekabinen in Bereichen, in denen man sich vorkommt wie auf dem „Präsentierteller“; zu grelle oder zu düstere Beleuchtung; ein zu trockenes Raumklima, das zum Husten reizt; der von diesem sicher nicht bemerkte, aber lästige Mundgeruch eines Verkäufers oder, im Gegensatz dazu, das anziehende Parfüm einer reizenden Verkäuferin.

All das lässt uns aufgeschlossen - zugewendet - verharren, Dinge tun und kaufen, die wir so eigentlich nicht planten, oder aber aggressiv und ablehnend, unruhig, unkonzentriert, innerlich bereits wieder aus dem Laden flüchtend reagieren.

Konsequenz

Im Fachhandel ist es ein Muss, regelmäßig gleichsam mit den Sinnen fremder Besucher durch das eigene Geschäft zu gehen.

Es ist notwendig, das eigene Angebot so zu sehen, zu riechen, zu greifen, zu hören, wie es die möglichen Kunden sehen, riechen, greifen und hören.

Es muss ein Anliegen sein, regelmäßig in die Rolle von Betriebsfremden zu schlüpfen oder aber, noch besser, solche Rundgänge von betriebsfremden, neutralen Freunden oder Bekannten erledigen zu lassen, deren spontane Eindrücke notiert werden.

Sich wohl fühlen (Lust empfinden) und sich unwohl fühlen (Unlust verspüren) sind als unbewusst empfundene und der vernunftmäßigen Steuerung entzogene Reaktionen zwingend!

Sie fußen auf den feinsten Sensoren, über die wir Menschen verfügen, nämlich auf unseren körperlichen Sinnen, gepaart mit einem untrüglichen Instinkt. Dieser Instinkt lässt uns alle das Klima eines Fachgeschäftes, die tatsächliche innere Einstellung und die herrschende Atmosphäre (Vorgesetztenverhältnis, Mitarbeiterbeziehungen usw.) mit absoluter Treffsicherheit gleichsam wittern...

Gerade weil das Unbewusste niemals betrogen werden kann, ist Lust zu empfinden zwar auch, aber keineswegs nur mit kosmetischen Arrangements im Verkaufsraum zu erreichen.

Unser Unterbewusstsein registriert mit seismographischer Genauigkeit Sympathie- und Unmutsbezeugungen, kurz, das ständige Klima zwischenmenschlicher Beziehungen in den Räumlichkeiten eines Fachgeschäftes, was sich unweigerlich direkt auf das Interesse oder die Aufmerksamkeit für das Beratungs- und Verkaufsgespräch auswirkt!

Unterbewusstsein

Erkenntnis

Besonders hier ist eine eindeutige Begriffserklärung notwendig: Im vorliegenden Zusammenhang sprechen wir von Unterbewusstsein als jenem Teil unseres Zustandes, der im Beratungs- und Verkaufsgespräch nicht kontrolliert und gewollt aktiv ist, also dem Gegenstück zu bewusstem, konzentrierten und gezielten Denken, Sprechen und Handeln.

Es kann das Unterbewusstsein - zugegeben etwas vereinfachend - mit dem Hauptspeicher eines Computers verglichen werden, in dem Informationen ständig gespeichert bleiben und in den fortlaufend ohne unser Zutun neue, von außen kommende Eindrücke aufgenommen werden. Diese können untereinander ausgetauscht werden, auch wenn der sog. Arbeitsspeicher - in unserem Falle das Bewusstsein - mit anderen Aufgaben beschäftigt ist.

In diesem Sinne ist es das Unterbewusstsein, das, einem ständig eingeschalteten Radargerät vergleichbar, parallel zum laufenden Beratungs- und Verkaufsgespräch das Gehörte, Gesehene, Empfundene des gesamten Umfeldes sowie die emotionalen Anteile des Gespräches (Sprechgeschwindigkeit, Stimmlage usw.) aufnimmt.

Es vergleicht das Aufgenommene in Tausendstelsekunden mit anderem, bereits Gespeicherten, sortiert, ordnet zu und sendet letztendlich warnende oder beruhigende Signale an das Bewusstsein.

Ein weiteres Charakteristikum des Bewusstseins ist, dass es Umwelteindrücke über die Sinne, sozusagen ungefiltert durch den Verstand, aufnimmt und speichert.

So dringen nervöse Bewegungen eines Verkäufers, ein dem gesprochenen Wort widersprechender Gefühlseindruck, eine laute, aggressive Stimme etc. direkt und ungefiltert in das Unterbewusstsein. Dieses vergleicht, wie beschrieben, die neuen Informationen mit alten Eindrücken - z. B. den Erfahrungswerten aus ähnlichen, früheren Situationen - und erstattet Rückmeldung an den Verstand, an das sog. Tagesbewusstsein.

So erklären sich Reaktionen von Lust und Unlust, von Zuwendung und Abwehr gegenüber Angeboten und Personen, die uns „vernünftigerweise" unerklärlich sind: Archetypische (= Steinzeit-)Erfahrungen wirken so direkt in das 20. Jahrhundert (s. Kapitelvorwort).

Weil dem Unterbewusstsein stets unendlich mehr Informationen zur Verfügung stehen als dem gleichsam im Schneckentempo arbeitenden Tagbewusstsein, ist es im Grundsatz letzterem überlegen. So ist das Unterbewusstsein u. a. befähigt, in Bildern zu „denken" und durch eine unendlich rasche Verknüpfung von Informationen (Assoziationen) dem Tagbewusstsein wesentliche Arbeit abzunehmen.

Konsequenz

Weil das Unterbewusstsein blitzschnell Zusammenhänge herstellt, ohne Unterbrechung Umwelteindrücke jeder Art aufnimmt und in Bildern denken kann, ergeben sich für das konkrete Beratungs- und Verkaufsgespräch wesentliche Herausforderungen.

In Verbindung mit der Selbstbeobachtung und der Beherrschung der Grundregeln der Körpersprache (s. Stichwort „Körpersprache") gilt es, den mündlichen Vortrag und die Warenpräsentation durch an das Unterbewusstsein gerichtete Impulse und Signale entsprechend zu untermauern und zu verstärken.

Dem Denken in Bildern kommt eine Argumentationsweise entgegen, die geplant und vorbereitet die sprachliche Darbietung mit bildhaften Vergleichen - Wortbildern - auflockert (s. Stichwort „Ausdruckskköcher").

Weiter gilt es, gewisse Argumente, als Stichworte z. B. in großer Schrift oder als gut sichtbares und gut erkennbares Symbol festgehalten, ins Gespräch zu bringen: Das Unterbewusstsein registriert rascher als das Tagbewusstsein Gelesenes, das Gedächtnis (s. Stichwort„Gedächtnis") behält länger Gesehenes als Gehörtes.

Beobachtet man am Gesprächspartner zögerndes Verweilen bei einem bestimmten Gesprächspunkt, so ist es - oft entgegen früherer Anweisungen in „harten Verkäuferschulungen" -gerade nicht ratsam, zügig zu einem anderen Punkt weiterzuführen, nur um möglichst viele Punkte der Übereinstimmung und möglichst viel Zustimmung einzuhandeln, bevor Gegenargumente behandelt werden.

Denn die Macht des Unterbewusstseins bewirkt, dass dieses Thema, sozusagen „hinter die Stirn des Kunden verdrängt", weiterbearbeitet wird, was ohne Möglichkeit der Einflussnahme und Korrektur möglicher Fehlschlüsse durch den Verkäufer zu falschen Assoziationen und letztlich zur eigentlich unbegründeten Ablehnung führen kann, die dann vom Kunden nicht mehr rational erklärt werden kann.

Im Verkauf kann die Macht des Unterbewusstseins nicht hoch genug eingeschätzt werden. Das unbewusste als Bundesgenossen zu gewinnen wird die Chancen zum erfolgreichen Verkauf um ein Vielfaches multiplizieren!

Das Unbewusste dagegen nicht überzeugt zu haben bedeutet einen Kampf gegen Windmühlen: nicht zu gewinnen, da nicht durchführbar...

Konzentration

Erkenntnis

Im Beratungs- und Verkaufsgespräch spielt die Fähigkeit des Verkäufers, sich für die Darbietung seines Angebotes mit allen Kräften einzusetzen, sich auf das Gespräch zu konzentrieren, für den Erfolg eine wesentliche Rolle.

Die Fähigkeit des möglichen Käufers, den Ausführungen des Verkäufers zu folgen, die Argumente und Fakten in der Reihenfolge ihrer Wichtigkeit für ihn selbst zu erkennen und zu verstehen, spielt jedoch die absolut ausschlaggebende Rolle!

Unterstützt oder gebremst durch die Gedächtnisleistung (s. Stichwort „Gedächtnisleistung“) ist die Fähigkeit, die Gedanken und Sinne nicht schweifen zu lassen, sondern konzentriert (aus dem Lateinischen, wörtlich übers.: zusammenballen, um einen Mittelpunkt zusammenziehen) der Darbietung des Verkäufers zugewendet zu sein, die Voraussetzung dafür, dass sich Angebot und Interesse auch tatsächlich zur gleichen Zeit treffen und decken.

Konsequenz

Unterstellen wir die Konzentrationsfähigkeit und den Konzentrationswillen von Seiten des Verkaufspersonals, so sind ihnen von Seiten des Besuchers im Ladengeschäft enge Grenzen gesetzt. Dies, neben anderen Gründen, dadurch, dass kaum ein Beratungs- und Verkaufsgespräch gleichsam in einem Vakuum stattfinden kann, also isoliert von der Umwelt.

Geräusche und Bewegungen im Umfeld lenken ebenso ab wie spürbarer Zeitdruck des Kunden bei gleichzeitig schleppender Angebotspräsentation durch die Verkäuferin oder den Verkäufer.

Langatmiges und gleichförmiges Nur-Reden auf der einen Seite, geduldiges Zuhörenmüssen auf der anderen Seite - sogenanntes „nur verbales Darbieten des Angebotes“ - ermüden die Konzentration ebenso rasch und nachhaltig wie fehlende Höhepunkte, „Aha-Effekte“ oder positive Erlebnisse: Das Diktat der Unlust tritt um so rascher auf den Plan, je eher Kraft und Willen zur Anspannung nachlassen.

Die Wertigkeit der Gesprächsminuten im Verkaufsgespräch nimmt drastisch bereits nach kurzer Zeit ab und ist erfahrungsgemäß nicht wiederzugewinnen.

Nur ein im Ablauf geplantes Beratungs- und Verkaufsgespräch, das die Aufmerksamkeit wachhält und mit inhaltlich und rhetorisch interessanten Höhepunkten durchsetzt ist, hat im Zeitalter der Reizüberflutung Erfolg.

Denn eben diese moderne Reizüberflutung hat die rapide und erschreckend steigende, allgemein zu beobachtende Konzentrationsschwäche zur Schwester, die das Aus für jedes mäßig geführte Gespräch bedeutet!

Gedächtnisleistung

Erkenntnis

Informationen im Umfang von 62,5 Millionen normalen Schreibmaschinenseiten sind im menschlichen Durchschnittsgehirn gespeichert!

In der modernen Computerrecheneinheit „Bit“ ausgedrückt, bedeutet dies bei 16 Kilobit pro Seite rund eine Billion Bit (10 hoch 12). Nach Auskunft der Spezialisten der Firma Siemens ist diese Speicherkapazität, beim Stand der Technik im Jahre 2012 immer noch jeder herkömmlichen Technik überlegen.

Umgekehrt verhält es sich dagegen mit der Geschwindigkeit, in der neue Informationen eingespeichert werden: Bringen es hier, wieder unter den technischen Voraussetzungen von 2012, moderne Halbleiterspeicher pro Sekunde auf bis zu 50 Millionen „einlesbare“ Bit, gibt sich das sog. Kurzzeitgedächtnis im menschlichen Gehirn mit 50 Bit pro Sekunde zufrieden, das Langzeitgedächtnis sogar mit nur einem Bit pro Sekunde.

Konsequenz

Warum stellt sich James Bond in seinen Filmen meist vor als: „Mein Name ist Bond. James Bond!“? Nun, weil er (oder der Drehbuchautor) um die einprägsame, verstärkende Wirkung der Wiederholung weiß!

Schließen wir die Erkenntnisse des 9. Stichwortes („Konzentration“) ein, so ergibt sich bei Beratungs- und Verkaufsgesprächen im Fachgeschäft die dramatische Situation, dass einem völlig fremden Menschen eine Reihe für ihn wahrscheinlich völlig neuer Zusammenhänge in für ihn ungewohnter Umgebung und in notwendigerweise kurzer Zeit klar, deutlich und als Laien verständlich dargelegt werden müssen.

Dies geschieht zudem mit dem erklärten Ziel, ihm im besten Falle direkt am Ende des Gespräches eine zustimmende Meinung und den Griff zum Geldbeutel zu entlocken!

Gelingt es im Verkauf, in dieser knappen Zeitspanne dem Kurzzeitgedächtnis des Gesprächspartners zumindest jene Eigenschaften, Vorteile und Nutzen des eigenen Angebotes deutlich zu machen, die für ihn wichtig sind; und gelingt es, seine notwendige Entscheidung in kleine Schritte der Zustimmung zu zerlegen, statt eine Totalentscheidung - ‚ja oder nein?“ - zu erzwingen, hat man in aller Regel einen zufriedenen Kunden gewonnen.

Wird dagegen umgekehrt der Gesprächspartner mit zu vielen, nur mangelhaft in Bildern und Vergleichen herausgearbeiteten oder gar für ihn völlig nebensächlichen Fakten überhäuft, ist nicht nur das Kurzzeitgedächtnis des Gegenübers überfordert, sondern es werden auch jene Mechanismen in Gang gesetzt, die Unlust und Aggression steuern!

Die gute Verkäuferin, der gute Verkäufer rechnen mit dem schlechten Gedächtnis des Kunden und planen gezielt Wiederholungen wichtiger Aspekte, schriftliches Festhalten und Lesenlassen maßgebender Punkte und Zahlen und Verstärkung des mündlich Mitgeteilten durch die Untermauerung durch eine Präsentation über die Sinne (s. Stichwort „Perlenkette“), Bond lässt grüßen. James Bond...

Eine Rolle spielen

Erkenntnis

Eine der bedauerlichsten Erscheinungen unseres Zeitalters der Vermassung mit seinen gewaltigen Umwälzungen im gesellschaftlichen und seelischen Bereich ist das Auftreten eines Denkens in Typen. Bezeichnend hierfür ist der häufige Gebrauch des Wortes selbst, im technischen Bereich und im Bereich der Umgangssprache, des Jargons („ein irrer Typ“, „ein cooler... ein heißer... ein Wahnsinnstyp“).

Gefördert von den Einflüsterungen der Werbung für Massenprodukte und verstärkt durch jene gezielte Vereinfachung und wachsende Oberflächlichkeit in vielen Bereichen unseres Lebens bis an die Wurzeln der Gesellschaft, wird ausgeprägtes „Anderssein“ - vor allem ein Anderssein als dem erwarteten Typ gemäß -, meist misstrauisch beobachtet.

Das wohl jedem Menschen innewohnende Streben nach Anerkennung und innerer und äußerer Sicherheit wird umgekehrt scheinbar dem leicht gemacht, der „seinen“ Typ entdeckt und die eigene Verhaltens- und Denkweise den Anforderungen und Vorteilen „seines“ Typs anpasst und unterordnet.

So wird Zuflucht durch genaue Beschreibung von Lebensgewohnheiten, Denk- und Verhaltensmodellen geboten. Der Typus „Rocker“, „Leitender Angestellter“, „Karrierefrau“, ‚Yuppie“, „Mittelständler“ usw. stellt sich meist als leerer Sammelbegriff für überholte und der Realität kaum gemäße Klischees dar. Die Typisierung greift nur einen ganz bestimmten Aspekt des jeweiligen menschlichen Daseinsbereiches auf und strickt daraus eine ganze „Philosophie“ des Aussehens und Verhaltens.

Ein bestimmter Typ zu sein gilt andrerseits als Voraussetzung, bestimmte Ziele erreichen zu können, zu bestimmten wirtschaftlichen oder sozialen Gruppierungen gehören zu dürfen. Nicht selten hängen beruflicher Erfolg und sozial lebenswerte Privatsphäre davon ab, wie man sich kleidet, wo und mit wem man sich sehen lässt, wie man sich bewegt und „gibt“, sogar welcher spezifischen Sprache - welchen Jargons - man sich bedient.

Dieser Aspekt des europäischen Menschen unserer Tage berührt entscheidend die Kontakte im Rahmen von Beratungs- und Verkaufsgesprächen, wie Diskussionen mit dem Verkaufspersonal europaweit beweisen; denn das jeweils „typische“ Verhalten und Argumentieren der Gesprächspartner - der möglichen Kunden - wird nicht gleichsam an der Ladentür abgegeben, sondern begleiten und beeinflussen durch Reaktionen und „typische“ Verhaltensweisen das ganze Gespräch!

Konsequenz

Die alte chinesische Verkäuferweisheit, dass man keinem Kunden „das Gesicht rauben“ darf, gilt auch in unseren Breiten.

Ein Kunde, der spürbar „seine Rolle spielt“, will zunächst auch in dieser Rolle akzeptiert werden. Es ist unklug, den engen Rahmen eines Beratungs- und Verkaufsgesprächs durch offensichtliche Abwehr oder Misstrauen gegenüber dem Habitus, dem Sprachstil, dem Auftreten des Gesprächspartners zu belasten.

Wie Untersuchungen belegen, stehen wir alle in der Situation als mögliche Käufer bei größeren Anschaffungen unter einer erhöhten seelischen und oft sogar körperlichen (!) Spannung (höherer Blutdruck, Muskelverkrampfung etc.). Besonders in solchen Situationen jedoch reagieren die meisten Menschen schematischer, rollenhafter, kurz, weniger gelöst und natürlich als in anderem Rahmen.

Zudem ist nicht zu erwarten, dass z. B. ein im Berufsleben an Befehlen und Verantwortung tragen gewohnter Gesprächspartner plötzlich als Interessent im Fachgeschäft andächtig und zurückhaltend reagiert oder sich gar willig und ohne Kritik und Eigeninitiative führen lässt.

Umgekehrt verwandelt sich eine Fließbandarbeiterin, die daran gewöhnt ist, ohne Rückfragen Anordnungen auszuführen, nicht plötzlich in eine selbstsichere und ausgewogen-kritische* Gesprächspartnerin.

Merke: Der Handel lebt vom Kunden, nicht umgekehrt (da die Zeiten der Handelsmonopole und absoluter Konkurrenzlosigkeit vorüber sind), was keinesfalls bedeuten soll, dass sich das Personal anbiedern soll.

Es muss dagegen erkannt und akzeptiert werden, dass es kaum einen anderen Beruf gibt, in dem man gezwungen ist, mit so vielen unterschiedlichen Menschen in derart bunter Reihenfolge in Kontakt zu treten wie im Einzelhandel, was schlicht bedeutet, dass mit den menschlichen Rollen leben muss, wer seinen Beruf lieben und behalten will.

Wie ein österreichischer Komiker trocken bemerkte: *„Wir müssen die Menschen nehmen, wie sie sind. Wir hab'n nämlich koane andern...“*

Adams Leid, Evas Freud`

Erkenntnis

Beim Kauf in Fachhandelsgeschäften gibt es nicht „den kleinen Unterschied“ - es gibt „die riesige Kluft“, wenn es um das Kaufverhalten der Geschlechter geht.

Wenngleich amerikanische Untersuchungen nur mit viel Vorsicht auf Europa übertragen werden können, bestätigen Untersuchungen, die über die Dauer von 15 Jahren durchgeführt wurden, was BerufsverkäuferInnen längst wissen: Männer wollen „die schreckliche Tat“ des Einkaufens rasch hinter sich bringen, Frauen genießen die Qual der Wahl. [2])

Wie allgemein in unserer modernen Gesellschaft, ist es auch im Fachhandel ein absolutes Muss, den unterschiedlichen psychischen Verhaltens- und sozialen Komponenten von Frauen und Männern im Umfeld des Arbeitslebens Rechnung zu tragen.

Es spielt für einen Mann eben doch eine bedeutende Rolle, ob er von einer Frau oder von einem anderen Mann, einer älteren Dame oder einem burschikosen Jungmanager bedient wird.

Andererseits kaufen Frauen zweifellos entspannter und sozusagen „auf gleicher Ebene“ verhandelnd, wenn sie von Geschlechtsgenossinnen beraten werden, als wenn dies von einem Mann geschieht.

Zudem ist durch die moderne Hirnforschung die bei Frauen in der Regel höher entwickelte Sprachkompetenz ein wesentlicher Faktor beim Kontakt zwischen BeraterIn und potentieller Kundin oder potentiellem Kunden. [3])

Konsequenz

Höchste Aufmerksamkeit beim Beratungs- und Verkaufsgespräch ist von Seiten männlicher Berater und Verkäufer darauf zu richten, *nicht* typisch männliche Verhaltensmuster an den Tag zu legen (z.B. lächelndes Wohlwollen).

Besonders gegenüber älteren Damen hat sich das männliche Verkaufsteam Verhaltensmuster anzutrainieren, die vermeiden, jeder potentiellen Kundin so zu begegnen, als sei sie einfach Oma - im Moment des Gesprächs bestimmen das Temperament, die geistige Regsamkeit oder aber die altersbedingte Langsamkeit der Gesprächspartnerin das Tempo und das Klima des Gesprächs!

Zwischengeschlechtliche Kommunikation in all ihren Facetten ist zwingend zu trainieren und öffnet Perspektiven des gegenseitigen Verständnisses, wie sie ohne Reflexion und Schulung nicht zu optimieren sind.

Zusammenfassung:

Bedeutung für das einzelne Beratungs- und Verkaufsgespräch

Es kann gelingen, in der Verkaufsplanung und im Beratungs- und Verkaufsgespräch der Tatsache gebührend Rechnung zu tragen, dass auch der anscheinend so rationale Mensch des Sternenflugzeitalters von Steinzeitreaktionen geprägt ist.

Es sollte gelingen, auch und besonders im Umgang mit Kunden, Kollegen und Vorgesetzten, umsichtig der allgemeinen Emotionalität Rechnung zu tragen (die nicht mit der unterschiedlichen „Empfindlichkeit“ der Menschen allgemein zu verwechseln ist. Diese ist lediglich die Hemmschwelle für das Durchbrechen der Emotionalität!).

Andererseits sollten die behandelten Erkenntnisse nicht dazu führen, den Menschen allgemein als ein wie an Marionettenfäden zu führendes Wesen zu betrachten oder als ein bloßes Bündel tierisch-steinzeitlicher Reaktionen.

Die Herausforderung durch die modernen Erkenntnisse und Einsichten, die unser gesamtes Menschenbild und unser gesamtes Weltbild beeinflussen, lautet, auf das Beratungs- und Verkaufsgespräch im Facheinzelhandel bezogen: Die stete Suche nach dem ausgewogenen Verhältnis zwischen notwendiger Rücksichtnahme auf Gefühle und der unumgänglichen, nüchternen Präzision in der Sache ist es, was den Gesprächen Stil verleiht - und damit Erfolg!

- Die triebgeleiteten Komponenten der **Willensbildung**
- das Diktat von **Lust und Unlust**
- die immense Leistung des **Unterbewusstseins**
- die Schwächen menschlicher **Konzentration**
- **d**ie begrenzten Möglichkeiten der **Gedächtnis**leistung und
- die Zuflucht in sicheres **Rolle**nverhalten

sind Herausforderungen, die vorhanden sind, ob wir sie wahrhaben, akzeptieren, mit ihnen rechnen wollen oder nicht.

Das erfolggekrönte Beratungs- und Verkaufsgespräch kommt jedoch nachweislich ohne ihre - bewusste oder unbewusste - Berücksichtigung nicht aus!

„Dass überhaupt organisiert wird, flößt mehr Achtung ein, als was und wie eigentlich organisiert wird!“

Kurt Tucholsky

Das zeitgemäße Beratungs- und Verkaufsgespräch

In der knapp bemessenen Zeit, die in der Regel für ein Beratungs- und Verkaufsgespräch zur Verfügung steht, ist es von elementarer Bedeutung, jede der Aussagen über das eigene Angebot - Eigenschaften, Vorteile, Nutzen ebenso wie Zusammensetzung und Rechtfertigung des Preises sowie die Rahmenbedingungen des Kaufes wie Garantien, Lieferfristen etc. - verständlich und eindeutig zusammenzufassen und darzulegen. Dies gelingt in aller Regel nur, wenn Aufbau und Bestandteile des Beratungs- und Verkaufsgespräches sorgfältig und präzise geplant und gestaltet sind.

Im Verkauf muss stets davon ausgegangen werden, dass *Be*kanntes - so z. B. die Ware an sich - noch lange nicht mit allen möglichen Nutzen, Vorteilen und Eigenschaften *er*kannt ist.

Des weiteren muss vorausgesetzt werden, dass der mögliche Kunde mit speziellen Erwartungen und Vorstellungen darüber, was er durch die Ware oder Dienstleistung erreichen will, in das Ladengeschäft tritt. Diese Vorstellungen sind nur im Idealfall exakt deckungsgleich mit dem, was das eigene Angebot bietet. Hier liegt die Herausforderung an die Gesprächsführung, um diese Vorstellungen und Wünsche zu erkennen und, wenn möglich, durch Zusatzreize zu erweitern und zu befriedigen.

Jeder Besucher eines Ladengeschäftes ist sich im Moment des Eintretens in den Laden mehr oder weniger bewusst, dass er diesen mit weniger Geld in der Tasche oder zumindest mit einem unterschriebenen Vertrag mit Zahlungsverpflichtung wieder verlassen könnte.

Unabhängig von dieser stillschweigend akzeptierten Tatsache unterliegt trotzdem jedes Gespräch im Laden noch gewissen Barrieren: Selbst ein äußerlich selbstsicherer Interessent, eine anscheinend zielbewusst auftretende Besucherin, die sich der Freiheit bewusst sind, den Laden jederzeit ohne Kauf wieder verlassen zu können, werden innerlich erregter sein, als sie das z. B. in der offenen, in der Regel weitläufigeren Umgebung der Etage eines großen Kaufhauses wären.

Das Gefühl der Anonymität wird in aller Regel mehr in Kaufhäusern empfunden, während das Betreten eines Ladengeschäftes im Unterbewusstsein andere Reflexe auslöst: ein weiteres Beispiel für den steuernden Einfluss der Emotion, des Gefühlslebens, auf unser Verhalten im Wirtschaftsleben! (s. Stichwort „Willensbildung", „Lust und Unlust" und „Unterbewusstsein").

Welche Elemente sollte aus diesem Grunde ein Beratungs- und Verkaufsgespräch beinhalten, um diesen Erscheinungen Rechnung zu tragen?

Was muss unbedingt einfließen, um Wesentliches nicht zu unterschlagen? Was sollte umgekehrt nicht überstrapaziert werden, um erwartete Kauferlebnisse nicht in Unlustgefühle umschlagen zu lassen?

Wie muss eine Warenpräsentation erfolgen, um der Einsicht in die rasch nachlassende Konzentrationsfähigkeit und das strapazierte Kurzzeitgedächtnis gerecht zu werden?

Das sind Fragen, die immer dringlicher in den Vordergrund der Herausforderungen an den Fachhandel und an das Verkaufspersonal treten; Fragen, die in den wesentlichen Grundzügen aus der Praxis weltweiter Beratungs- und Verkaufsgespräche und den Beiträgen grundlegender Untersuchungen befriedigende und hilfreiche Antworten finden.

Das Generalthema unserer Wirtschaftsepoche, bezogen auf den Verkauf, ist das sog. *Verdeutlichungsproblem*. Es rückt mit Abstand in den Brennpunkt verkäuferischen Denkens, Fühlens und Handelns:

- Wie und mit welchen Mitteln kann in Zeiten der absoluten „Sättigung mit Fakten“ und einer Schwemme billiger Werbesprüche glaubwürdig, verständlich, kurz und eindrucksvoll beraten und verkauft werden?

Dem Personal obliegt die undankbare Aufgabe, als moderne Mischung zwischen Showmaster, Spezialist im weißen Mantel, Sprachgenie und Psychotherapeut einer immer anspruchsvolleren Kundschaft immer weniger unterscheidbare Produkte so anzupreisen, als wäre jedes für sich ein Geniestreich der Technik - und dies in Zeiten der Aufgeklärtheit und wachsender Vorbehalte gegenüber Technik und Wirtschaft im allgemeinen (s. Anhang: „Bausteine des neuen Denkens“).

Dieses Wunderwerk gelingt nur bei äußerster Konzentration und gezielter Vorbereitung des Beratungs- und Verkaufsgespräches und einem hohen Maß an verkäuferischer Berufsfreude.

Gesprächsführung

Erkenntnis

Der Begriff Gesprächs*führung* weist auf ein bekanntes und erreichbares, fest bestimmtes Ziel hin, das ein Beratungs- und Verkaufsgespräch erreichen soll. Entgegen landläufiger Meinung heißt dieses Ziel letztendlich nicht Verkauf oder Unterschrift des Kunden unter den Kaufvertrag. Dies sind technische Vorgänge, die als notwendige Handlungen dem Erreichen des eigentlichen Zieles folgen.

Dieses eigentliche Ziel eines jeden Beratungs- und Verkaufsgespräches ist dagegen zuvorderst *die Übereinstimmung zwischen den Vorstellungen, Wünschen und Erwartungen des potentiellen Käufers mit den Eigenschaften, Vorteilen und (tatsächlichen oder vorgestellten) Nutzen des eigenen Angebotes nach der Überzeugung des Kunden!*

Erreicht man im Beratungs- und Verkaufsgespräch diese Übereinstimmung, sind also, vereinfacht ausgedrückt, Angebot und Nachfrage absolut deckungsgleich, ist der reine Kaufakt - also der Griff zum Geldbeutel oder die Unterschrift unter einen Vertrag - eine technische Frage; wobei zu beachten ist, dass auch diese Phase des Beratungs- und Verkaufsgespräches besonderen Regeln unterliegt.

Gesprächsführung ist auch nicht ausschließlich auf die absolut alleinige Initiative der Damen und Herren im Verkauf zurückzuführen. Die moderne Kommunikationstheorie formuliert erstmals, was „geborene Verkäufer“ schon immer erkannten: Auch das Beratungs- und Verkaufsgespräch ist ein Akt von Geben und Nehmen, modern formuliert, ein kybernetischer Prozess, in dem Signale ausgesandt und umgekehrt die Signale des Gesprächspartners empfangen und in die Gesprächsführung steuernd einbezogen werden.

So sind es vor allem auch in Worten („verbal") oder durch die Körpersprache ausgedrückte Zweifel, Anregungen, Fragen des potentiellen Kunden, die ein Gespräch *„führen"* helfen. Signale der Zustimmung oder der Abwehr sind u. a. suchende Blicke, Betasten, Drehen, Begutachten der Ware, ungläubiges Zusammenziehen der Augenbrauen, Zurückweichen, Nachfragen usw.

Gesprächsführung heißt deshalb, mit bestimmten Mitteln, aber auf einem vom Kunden mitbestimmten Weg auf das Ziel hinführen.

Aus diesem Grunde ist mit Recht an Trainingsmethoden zu zweifeln, die aufzuzeigen vorgeben, wie das Gespräch abzulaufen hat, um erfolgreich zu sein.

Zu fördern ist eine sinnvolle und erfolgbringende Methode einer kybernetischen Gesprächsführung*), die der weitverbreiteten Erkenntnis, dass „jeder Kunde anders ist", Rechnung trägt.

Konsequenz

Es ergeben sich daraus für eine erfolgreiche Gesprächsführung zwei praktische Regeln und Einsichten.

Zum einen muss das Personal im Fachhandel sämtliche möglichen Meilensteine kennen, die im Laufe eines Beratungs- und Verkaufsgespräches den potentiellen Kunden überzeugen können und sollen.

Wie im Stichwort „Willensbildung“ verdeutlicht, mag bei einem Gesprächspartner ein einziges, aber für ihn elementar wichtiges Argument den Ausschlag für eine Entscheidung geben, bei einem anderen eine Reihe von Aspekten erforderlich sein, um zu überzeugen.

Diese „Meilensteine“ sind, vergleichbar den Trümpfen in der Hand eines Kartenspielers, die Argumente für das eigene Angebot, welche sich aus dem Bündel von Eigenschaften, Nutzen und Vorteilen zusammensetzen.

Geht man davon aus, dass sich im Laufe der Jahre und durch scharfe Beobachtung und gezielte Auflistung eine Hitliste der wirksamsten „Meilensteine“ zusammenstellen lässt (s. Checklisten im Anhang), schrumpft ihre mögliche Vielfalt auf eine kleine Zahl schlagkräftiger Argumente, die aber mit hoher Wahrscheinlichkeit das Gespräch zielbewusst führen helfen.

Zum zweiten ist es die Einsicht, das im Gesprächspartner schlummernde Potential zur Mitwirkung am Gespräch zu nutzen: Welche Argumente für diesen jeweils das erforderliche Gewicht in der Waagschale bilden, ist so individuell und unvorhersehbar, dass eben nur die Fähigkeit, Impulse und Signale vom Gegenüber zu erhalten, herauszulocken und auszuwerten, zum Erfolg führt, also das erwähnte kybernetische Vorgehen.

Diese Einsicht entspricht der alten römischen Erfolgsregel: *„Wer fragt, führt!“*

Fachwissen

Erkenntnis

Als Fachwissen bezeichnen wir in diesem Zusammenhang das gewachsene, spezifische Wissen um die Art und die Eigenschaften der Materialien, aus denen sich die angebotenen Waren oder Dienstleistungen zusammensetzen.

Weiter zählt dazu das Wissen um den Gesamtzusammenhang, in dem die jeweils angebotenen Waren und Dienstleistungen stehen, wie z. B. ihre Geschichte, ihre unterschiedlichen Varianten; Wissen darüber, wie und wo sie angeboten werden, die Grundzüge ihrer Funktionsweise etc.

Zum dritten, nicht geringsten Teil, zählen zum Fachwissen im Facheinzelhandel die *nicht*-materiellen Aspekte des Angebotes, nämlich Anwendungsbereiche, der unterschiedliche Nutzen, Vorteile des eigenen Angebotes gegenüber möglichen Alternativen etc. (s. auch Stichworte „Konkurrenz", „Spezialisierung" und „Nutzenkonzentration").

Dieses dreiteilige Wissen ist gleichsam eingebettet in das Verständnis für die betrieblichen Belange des Facheinzelhandels, der diese Waren und Dienstleistungen bereithält.

In diesem Sinne zählt zum Fachwissen in unseren Tagen vermehrt auch Wissen um die inneren, organisatorischen Zusammenhänge des Fachhandels, der letztlich eine besondere Plattform für das Angebot hochwertiger und erklärungsbedürftiger Waren darstellt.

Es ist für das Personal heute nicht mehr genug, „seine Arbeit zu tun". Die konzentrierten Anstrengungen des Fachhandels, um die veränderten Handelsstrukturen zu überleben, bedingen permanent entwickeltes Fachwissen um betriebliche und unternehmerische Zusammenhänge (s.: **das wirtschaftliche Umfeld).**

Konsequenz

Es setzt sich verstärkt die Erkenntnis durch, dass aus der Sicht der möglichen KundInnen das Vorhandensein fundierter Fachkenntnisse als selbstverständliche Voraussetzung betrachtet wird.

Die tägliche Praxis im Ladengeschäft beweist jedoch immer wieder, dass es gerade nicht eine Fülle von Fachwissen ist, die den mit der Materie in der Regel nicht vertrauten Kunden gleichsam „überfallen" darf.

Es ist umgekehrt die verkäuferische Fähigkeit,

1. das vorhandene Fachwissen richtig zu dosieren. Auch hier gilt: Weniger ist oft mehr! und

2. Aspekte dieses Wissens so zu erklären, dass für den jeweiligen Gesprächspartner die für ihn relevante, direkte, praktische Bedeutung ersehen werden kann.

So mag für den potentiellen Käufer eines Radiogerätes verwirrend klingen, dass dieses Gerät „mit einem neuen XZK 654 R Superchip von Kliemens in Quermontage mit heizbarem Holochromstanzraum" ausgestattet ist.

Aufhorchen wird er erst, wenn ihm erklärt wird: *„Denn sehen Sie: Dieses tolle Ding senkt erheblich jenes unangenehme Rauschen oder Knistern, das uns alle doch so oft besonders bei ruhigen Musiksendungen oder Tonbandüberspielungen stört! Darüber haben Sie sich doch in der Vergangenheit sicher auch oft geärgert...!"*

Das Umsetzen nüchterner Tatsachen aus der faszinierenden Welt des Fachmannes in konkrete Bedeutung, Nutzen, Vorteile, Erleichterungen, Fortschritt, Gewinn, Prestige für den Interessenten macht Fachwissen erst zu einem Gewinn, in jedem Sinne des Wortes.

Die wichtigste Funktion des Fachwissens ist daher, es bereitzuhalten!

Fachwissen ist wie ein gutgefülltes Bankkonto: Man sollte es haben, andere dürfen es bemerken und wir sollen es nutzen, falls es erforderlich ist - **aber wir sollten niemanden mit unserem Vermögen vor den Kopf stoßen...**

Ausdrucksköcher

Erkenntnis

Wer bewundert nicht jene Menschen, die im richtigen Augenblick das passende Wort zur Verfügung haben? Menschen, die etwas treffend beschreiben, oft mit nur einem Wort ganze Bände sprechen, mit einem passenden Vergleich oder einem Wortbild mehr erklären, als eine lange Rede vermocht hätte?

Gleichsam wie ein Bogenschütze in den Köcher zu greifen und den treffsicheren Wortpfeil, das für jeden Anlass maßgeschneiderte Wort zur Verfügung zu haben, ist besonders im Verkauf trainierbar.

Die Verwendung passender Ausdrücke ist insofern im Facheinzelhandel erleichtert, als dort jahraus, jahrein ähnliche oder gleiche Produkte angeboten werden, meist das ganze Jahr dieselben Kundenanliegen und -fragen herangetragen werden. Somit können wiederkehrende Fragen, Reaktionen und Erfahrungen als Grundlage der Planung eingesetzt werden (s. Checklisten zur praktischen Umsetzung im Anhang).

Ohne ein Beratungs- und Verkaufsgespräch deshalb wie ein einstudierbares Theaterstück zu betrachten, können erklärende Begriffe an stets wiederkehrenden Stellen eines „typischen“ Beratungs- und Verkaufsgespräches wesentliche Hilfestellung bieten, das Ausdrucksvermögen gezielt schulen und vom Stadium der Improvisation oder der stimmungsabhängigen Darbietung abheben.

Zieht man die Werbung in Fernsehen und Radio als Beispiel hinzu, ist dies auf Anhieb verständlich: Der Brotaufstrich, der verhindert, dass wir „ins 11-Uhr-Loch fallen“, das Waschmittel, das Wolle „schäfchenweich“ macht, die „Aprilfrische“ eines Deodorants und das „Familienauto“ enthalten in einem Wort geballte Informationen, treffsicher formuliert, frisch aus dem Argumentationsköcher der Werbeleute...

Konsequenz

Wer jemals Zeuge war, wie lange und intensiv ein „Werbemensch" brütet, entwirft, verwirft, bevor ein guter Werbespruch oder ein passender Vergleich, ein Wortbild, ein „Slogan" geboren ist, weiß, dass Spontaneität nur bei den seltensten Gelegenheiten und bei besonderer Sprachbegabung oder ausgeprägtem „Mutterwitz" den Ausdruck liefert, der uns ausrufen lässt: *„Genau das ist es!"*

Im Fachhandelsverkauf sind durch gezieltes Verkaufstraining die meist über Jahre unverändert gebrauchten Formulierungen und oft von der Verkäuferin, dem Verkäufer selbst als in ihrer mangelnden Durchschlagskraft empfundenen Ausdrücke einer gründlichen Renovierung zu unterziehen.

Das *Wörterbuch der Synonyme*, in jeder Buchhandlung erhältlich, liefert frei Haus andere, bessere Begriffe für abgegriffene Worte wie „gut", „schön", „billig", „neu" etc. Wie die im Anhang zu findenden Arbeitsbögen zur praktischen Umsetzung aufzeigen, sind durch gezielte Suche hörenswerte und verwertbare Wortbilder und Vergleiche zu erarbeiten. Sie geben dem Beratungs- und Verkaufsgespräch neuen Schwung, gestalten es für die Kunden lebendiger, farbiger. Für die Damen und Herren im Verkauf bringen sie, in der Regel sogar für bereits seit Jahren verkaufte Artikel, plötzlich wieder „frischen Wind"!

Es sind vor allem sog. Wortbilder und Vergleiche, die sich unserem in Bildern denkenden Unterbewusstsein einprägen (s. Stichwort „Unterbewusstsein").

Wer im Ladenverkauf ein nüchternes Argument, eine technische Eigenschaft eines Produktes mit einem lebendigen Vergleich auflockert, prägt dem Kurzzeitgedächtnis (s. Stichwort „Gedächtnisleistung") des modernen Menschen Wesentliches nachhaltiger ein, erleichtert die angespannte Konzentration auf Fakten (s. Stichwort „Konzentration“) durch rhetorische Glanzlichter.

Wer Gesprächspartner letztlich vom passiven Anhören einer Aufzählung von Fakten in das lebendige Umfeld des konkreten persönlichen Nutzens versetzt, wer Kaufen zum Erlebnis werden lässt, obsiegt im Kampf um Aufmerksamkeit und Verständlichkeit - und steuert damit in Beratungs- und Verkaufsgesprächen ohne Umschweife ans Ziel!

Körpersprache

Erkenntnis

Seit einigen Jahren, insbesondere seit dem Erstarken des Wissenschaftszweiges der vergleichenden Verhaltensforschung („Humanethologie"), rückt vermehrt die Erkenntnis in den Brennpunkt des Interesses, dass unser Körper in seiner Ganzheit, mit all seinen Ausdrucksmitteln, neben den sprachlichen Aussagen wesentlich für eine Verständigung zwischen den Menschen beiträgt.

Auf die direkte Wirkung und den Einfluss auf die Emotionalität bezogen, geschieht dies vermutlich sogar in einem größeren Ausmaß als die sprachliche („verbale") Kommunikation.

Der Begriff der nonverbalen Kommunikation - auf Deutsch schlicht „Verstän-digung mit nichtsprachlichen Mitteln" - ermöglicht das Verständnis für bisher unerklärliche Erscheinungen. Wie Untersuchungen belegen, fließen Bewegungen unseres Gesichtes und Körpers ebenso wie die menschliche Stimme (Lautstärke, Stimmlage, Sprachrhythmus) sozusagen ungefiltert nach der Erfassung durch Auge und Ohr in das Unterbewusstsein (s. Stichwort „Unterbewusstsein").

Somit ist ihre Wirkung auf das Gegenüber auch nur sehr begrenzt steuerbar, dafür aber umso eindrücklicher.

Die aufsehenerregende Forschungsarbeit mit der umgebauten (versteckten) Kamera, die Hans Hass und sein Team in langen Jahren auf einer Reise um die Welt erstellte und in deren Rahmen er Hunderte von Menschen in den unterschiedlichsten Situationen des Alltags in Mimik und Gestik festhielt, zeigt auf:

Nahezu ohne Unterschied spiegeln unsere Gesichtszüge und unsere Körperhaltung und -reaktion unser inneres Befinden wider!

Die Körpersprache kann daher als die Sprache hinter der Sprache bezeichnet werden, eine Sprache, die im Grunde nicht lügen kann, weil sie aus dem Unbewussten gesteuert wird und nur bei trainierten Personen über längere Zeit bis ins Detail kontrolliert werden kann (z. B. bei guten Schauspielern).

Abgesehen von einigen regionalen Unterschieden, so z. B. bei der Auslegung des Abstandes zwischen zwei Menschen im Gespräch (er kann in einem Kulturkreis als aggressives *„auf-den-Pelz-rücken“* verstanden werden, während er in anderen Breiten, bei gleicher Distanz, als Zeichen von Vertrautheit und Offenheit gilt), gleichen sich weltweit diese Reaktionen.

Konsequenz

„Du läßt dich geh'n!", hieß ein erfolgreicher Schlagertitel der 60er Jahre von Charles Aznavour.

So gilt auch für den Verkauf, dass die innere Einstellung zu dem, was man tut und wie man es tut, sich zweifellos auch durch Körperhaltung und Bewegungen ausdrückt, ebenso natürlich das, was wir als angeboren, anerzogen oder erworben, als „Lebenseinstellung" mit uns herumtragen. Die Beachtung der Körpersprache sollte andrerseits aber nicht in ein ständiges gedankliches „In-den-Spiegel-Sehen" ausarten.

Das nonverbale Verhalten zeigt zwar nicht in vollem Umfang unser wahres Gesicht, aber es legt fest, was der andere dafür hält. Die Wirkung, die vom nonverbalen Verhalten einer Person ausgeht, ist dabei in der Regel so übermächtig, dass sie das Gegenüber gleichsam mit der Gewalt einer optischen Täuschung erfasst: Selbst wider besseres Wissen drängt sich ihm fortlaufend ein ganz bestimmter Eindruck von den inneren Eigenschaften und Absichten seines Gegenübers auf.

Hier liegt eine wichtige Ursache dafür, warum wir instinktiv Verkäufern misstrauen, die ihre Argumente gleichsam „wie am Schnürchen" hersagen können, also konzentriertes Interesse vortäuschen, innerlich aber gelangweilt oder gar aggressiv eingestellt sind: Körperhaltung, Hände und vor allem Gesichtszüge und Augen verraten die Heuchelei, der Körper folgt nicht den Halbwahrheiten des gesprochenen Wortes...

Verkaufen aber ist ein Akt von Vertrauen geben und Vertrauen nehmen.

Offener Augenkontakt im richtigen Moment, gepaart mit einem Lächeln und einer einladenden Bewegung, kann in Sekundenbruchteilen dem Unterbewusstsein ein *„Ja!"* entlocken, während ein ungewolltes Abwenden, ein gesenkter Blick oder leichtes Zurückweichen des Körpers *„Vorsicht!"* oder *„Besser nicht!"* zu rufen scheinen.

Der gekonnte Balanceakt zwischen bewusstem Vermeiden grober Fehler in der Körpersprache - erreichbar durch Training und Konzentration - und des gelösten, aber gezielten Einsatzes der Körpersprache im richtigen Augenblick ist eines der Erfolgsgeheimnisse guten und vertrauenerweckenden Verkaufens.

Bedenkt man aber die Wucht der von Körper und Gesicht gesandten Nachrichten direkt in das Unterbewusstsein des Gegenübers, steht außer Zweifel, dass die Körpersprache als verstärkendes Hilfsmittel oder aber als Hemmschuh zum Verkaufserfolg beitragen oder diesen verhindern kann!

Perlenkette

Erkenntnis

Um zu verdeutlichen, welche wertvollen Hilfsmittel einer die gesamten Sinne ansprechenden Argumentation im Verkauf zur Verfügung stehen, sprechen wir von der Perlenkette der Effizienz im Beratungs- und Verkaufsgespräch.

Dieser Begriff - geprägt von Prof. Lange-Prollius, einem von Europas bedeutendsten Spezialisten für Effizienz in Marketing und Verkauf - beschreibt die Reihenfolge der Schritte einer erfolgreichen Warenpräsentation mit

- Sehen und Hören
- Greifen, Tasten und Fühlen
- Schmecken und Riechen

Den Übergang vom sinnlichen Verstehen eines Produktes über das verstandesmäßige Erfassen seiner Eigenschaften, Vorteile und Nutzen zum eigentlichen Besitzwunsch beschreibt er treffend als die Perlenkette der Effizienz im Beratungs- und Verkaufsgespräch durch „Greifen - Begreifen - Habenwollen".

Konsequenz

Für die Organisation eines Beratungs- und Verkaufsgespräches bedeutet dies:

An möglichst vielen Stellen, bei allen vernünftigen und möglichen Gelegenheiten sollen die Sinne der Gesprächspartner - der möglichen Kundinnen - in das Gespräch einbezogen werden.

So lässt sich bereits bei einem spontanen Rundgang im eigenen Geschäft überprüfen, welche Angebote und Waren welche sinnlichen Eindrücke hinterlassen:

So lassen sich z. B. Textilien tasten, oftmals sogar riechen. Holz lässt sich klopfen (= hören, Stabilität spüren etc.) und riechen, das verborgene Innere wertvoller Produkte lässt sich sehen („kann sich sehen lassen“).

Dann weiter: Im Ablauf des Gespräches kann in der Regel nahezu jedes Produkt dem Kunden in die Hand gegeben werden (Greifen + Begreifen + Habenwollen) und möglichst lange dort verbleiben!

Zusätzlich können Muster von Produkten oder Materialien, die den negativen Gegensatz eines Angebotes darstellen, gezeigt werden, gleichsam als „abschreckende Beispiele“.

Dieses Vorgehen dient vorzüglich zum Aufbau einer vergleichenden Argumentation dafür, warum sich Ihr Unternehmen für die Aufnahme gerade dieser und nicht einer billigeren Variante des Artikels entschieden hat. (Die gesetzlichen Schranken gegen vergleichende Werbung in Deutschland werden bei diesem Vorgehen nach Auskunft mehrerer Rechtsberater nicht berührt. In der Schweiz und in Österreich sind diese Bestimmungen ohnehin lockerer.)

Das Ansprechen mehrerer Sinne ist nahezu ausnahmslos bei je-

dem Angebot, in jeder Branche möglich.

Der doppelte Effekt der Verstärkung des Eindrucks (s. Stichwort „Unterbewusstsein", „Konzentration" und „Gedächtnisleistung") zum einen, einer lebendigen Gestaltung des Gespräches mit aktiver Einbeziehung des Kunden zum anderen (s. Stichwort „Kauferlebnis") verdichtet die Chancen, alle Seiten eines Angebotes eindringlich und nachhaltig deutlich gemacht zu haben - beste Voraussetzung für eine rasche Kaufentscheidung!

Nutzenkonzentration

Erkenntnis

Was mögliche Kunden von der Attraktivität oder sogar der wesentlichen Bedeutung eines Angebotes für sie überzeugen kann, ist in erster Linie ***der Nutzen***, der aus dem Besitz einer Ware, der Inanspruchnahme einer Dienstleistung gezogen werden kann.

Waren und Dienstleistungen sind um so leichter anzupreisen, je klarer der unterschiedliche und für den Kunden beim späteren Gebrauch oft zeitlich auseinanderfallende Nutzen beschrieben werden kann.

Entgegen landläufiger Meinung weist der Begriff „Nutzen“ mehr als einen Aspekt auf:

1. Den materiellen Nutzen
2. Den funktionalen Nutzen
3. Den meinungsmäßigen Nutzen

Am Beispiel der Modeartikel ist die Bedeutung des meinungsmäßigen Nutzens besonders deutlich erkennbar: Modische Artikel werden in der Regel aus emotionalen Antrieben gekauft: *„Das muss man einfach tragen!“*; *„Wer das tut, ist in!“*; *„In diesem Jahr ganz groß...!“* *„So kleidet man sich dieses Jahr!“* usw.

Nach Meinung der Käufer ist aus Gründen der momentanen Aktualität und damit verbundener Signale (der Zugehörigkeit, des „es-sich-leisten-könnens“, des „mit-der-Mode-gehens) der Besitz dieses Artikels oder die Nutzung einer Dienstleistung hier und jetzt außerordentlich nützlich.

So werden Fragen nach der Qualität und möglicher längerfristiger Funktionstüchtigkeit (materieller und funktionaler Nutzen) zweitrangig.

Die Zukunft des Modeartikels oder der modischen Dienstleistung wird im Moment der Anschaffung von der Beachtung ausgeklammert. In der Regel sind sich die Käufer sogar der Kurzlebigkeit der Anschaffung bewusst.

Sportmarkenkleidung, E-Book-Reader, Laptops, bestimmte Reiseziele, musikalische Hits, modische Kosmetika belegen, dass - bei gut beworbenen Produkten und Dienstleistungen - selbst in Zeiten der Marktsättigung materieller und funktionaler Nutzen beim Kauf von oft sogar geradezu irrational anmutenden Motiven und Argumenten verdrängt werden, dass ihr Fehlen bewusst in Kauf genommen wird.

Konsequenz

Aufgrund dieses vorgenannten Rasters ist es einfach, an den eigenen Produkten und Dienstleistungen im Fachhandel herauszuarbeiten, welcher Nutzen und möglicher Nebennutzen sich für die Käufer ergeben.

Am Beispiel des inzwischen - nach Bekunden sämtlicher Hersteller - nur noch schwer abzusetzenden Produkts „elektrische Nähmaschine" lassen sich folgende Nutzen auf Anhieb erkennen:

- Das Aufzeigen präziser Verarbeitung bietet das Argument der Langlebigkeit und Zuverlässigkeit in der Funktion und damit den materiellen Nutzen. Damit lässt sich der einmal zu entrichtende Kaufpreis auch symbolisch auf die lange Nutzungsdauer verteilen.
- Ist es möglich, die Kundin bereits während der Beratung direkt selbst an der Maschine arbeiten zu lassen, erkennt sie sofort die einfache Bedienung, verglichen z. B. mit dem eigenen, alten Modell, und die damit verbundene Arbeitserleichterung (funktionaler Nutzen).
- Das beispielhafte Vorführen modischer Kleider, das Betrachten der Spezialstiche, mit denen diese auf der vorgeführten Maschine genäht wurden, zeigt schließlich auf, wie sehr sich das Qualitäts- und Modebewusstsein der Kundin durch die erweiterten Möglichkeiten der neuen Maschine beweisen lässt - meinungsmäßiger Nutzen.

So können konkrete Argumente wie *„muss lange nicht ausgetauscht werden"* (Langlebigkeit) durchaus für eine Kundin gleichwertig neben irrational erscheinenden Argumenten stehen, wie zum Beispiel der Aspekt *„fördert die Bewunderung durch andere"* (Prestigewert) oder *„hilft, Ihren Typ durch die passenden Kleider besser zur Gel-*

tung zu bringen" (Eitelkeit, ästhetisches Empfinden).

Wie die Checkliste zur praktischen Umsetzung im Anhang zeigt, lässt sich diese Messlatte des Nutzens und Nebennutzens als Grundlage einer an den Vorstellungen und Bedürfnissen der Käufer orientierten Argumentation nehmen.

Wobei Wert auf die Feststellung zu legen ist, dass Eigenschaften eines Angebotes nicht mit Vorteilen und Vorteile nicht mit Nutzen verwechselt werden dürfen – die präzise Unterscheidung schärft das Verständnis für das eigene Angebot und hilft, neue Aspekte zu entdecken.

Kauferlebnis

Erkenntnis

Die bunte Glitzerwelt der Werbung und das verlockende Labyrinth moderner Einkaufszentren erfüllen im Konsumbereich einen wesentlichen Zweck: Unsere Gesellschaft am Ende des Brauchens, mit einer zweifellosen Sättigung an Gütern jeder Art muss mit steigendem Aufwand und immer grelleren Methoden der Werbung und Präsentation der Angebote auf eine wachsende Flut tatsächlich oder angeblich neuer Angebote aufmerksam gemacht werden.

Erschwerend - für Produzenten und Käufer gleichermaßen - wirkt sich die Tatsache aus, dass sich kaum ein Angebot findet, das nicht von mindestens *einem* gleichwertigen Angebot Konkurrenz erhält: Schwer zu unterscheidende Produkte werden in ähnlichen Verpackungen und mit nahezu identischen Argumenten angepriesen!

Da der Begriff der Fachhandelstreue leider beinahe der Vergangenheit angehört und die Entscheidung, wo gekauft wird, nicht mehr wie in früheren Tagen von einer inneren Bindung an namentlich bekannte „Händler um die Ecke“ getragen wird, bedeutet es für den Fachhandel eine erbarmungslose Herausforderung, gegen das Angebot von Kauferlebnissen durch die Handelsriesen anzutreten.

Diesen Aspekt, nämlich die Vorstellung, in einem Einkaufszentrum auch während des Einkaufens mehr zu erleben, dem Einkaufsbummel Freizeitwert zu verleihen (s. Stichwort „Berufskonsumenten“) kann der Fachhandel über die Werbung, die sog. „externe Kommunikation“ berücksichtigen (s. Stichwort „Spezialisierung“).

Im Ladengeschäft selbst kann eine gekonnt-ästhetische Präsentation der Ware (Dekoration und Produkte „zum Anfassen“, Sonderschauen, Aktionen etc.) den Erlebniswert auch beim Fachhandelsbesuch steigern helfen.

Was aber kann das Beratungs- und Verkaufsgespräch beitragen?

Konsequenz

Die Beachtung der bis hier aufgeführten Aspekte trägt zweifellos dazu bei, den Besuch eines Fachgeschäftes attraktiv zu machen.

Was aber echten Erlebniswert im Beratungs- und Verkaufsgespräch vermittelt, ist der Wechsel in der Perspektive durch die Damen und Herren im Verkauf: vom eigenen Angebot nicht zu sprechen, als wäre es „ein alter Hut“, sondern es durch die Augen der InteressentInnen zu betrachten - mit der Neugier und dem Interesse, als sähe man es zum ersten Mal!

Das lebendigste, packendste Beratungs- und Verkaufsgespräch findet statt, wenn Verkäuferin oder Verkäufer sich (symbolisch) *neben den Kunden stellen* statt ihm gegenüber, gleichsam wie ein feindliches Heer.

Die (potentielle) Kundin, den (potentiellen) Kunden (symbolisch) an der Hand zu nehmen und mit ihm zusammen den abenteuerlichen Weg der Erforschung des eigenen Angebotes, des Produktes, der Dienstleistung zu gehen, birgt überraschende Effekte:

- Es werden neue, andere Aspekte am eigenen Angebot entdeckt, die vorher meist durch (verständliche) Produktverliebtheit oder sogenannte „Betriebsblindheit“ verdeckt waren
- Es werden Schwächen am eigenen Angebot entdeckt - welches Angebot hätte keine!

Der Gesprächspartner fühlt sich nicht belehrt oder als Zuhörer einer abgespulten Litanei, sondern erlebt die Beratung als ein gemeinsames Suchen nach der Bestätigung, dass das gezeigte Angebot für ihn das richtige ist.

Voraussetzung für ein glaubwürdiges Miterleben des Angebotes durch die Verkäuferin oder den Verkäufer ist jedoch in jedem Falle, dass das Verkaufspersonal sich mit dem Angebot des eigenen Hauses identifizieren kann, „dahinter steht“, die angebotene Qualität und den Preis vertreten kann.

Dies setzt in der **Regel Möglichkeiten der Einflussnahme auf die Sortimentsgestaltung** und **ein Anhören des Personals** voraus, eingebettet in einen **zeitgemäßen Führungsstil**, der offene Diskussion und auch Kritik erlaubt - um die Freude zu vermitteln, den eigenen Beruf - und damit das Verkaufen - täglich neu erleben zu können!

Marktschreier

Erkenntnis

In der Regel verbindet sich mit dem Begriff des Marktschreiers etwas Negatives, zählt die Allgemeinheit diese Berufsgruppe, zumindest in direkten Befragungen, nicht zu den vertrauenswürdigen, ernstzunehmenden Verkäufern.

Vergessen wird dabei zu leicht, dass im Grunde auch unsere moderne, ausgefeilte Form der Warenpräsentation in Glitzerpalästen und hochwertigen Fachgeschäften der Urform des Handelns und Verkaufens am Markt, dem lautstarken Anpreisen der eigenen Ware, entspringt.

Die heute noch gebräuchliche Formulierung „Jede Ware hat ihren Markt“ für das abstrakte Zusammentreffen von Angebot und Nachfrage hat ihren direkten Ursprung im Begriff des „Marktplatzes“.

Es wäre daher ungerechtfertigte Eitelkeit, sich als Verkäuferin oder Verkäufer im Fachgeschäft oder im Kaufhaus einem Verkäufer am Wochenmarkt grundsätzlich überlegen zu fühlen.

Beim Betrachten all jener Aspekte, die zwischen dem 6. und 18. Stichwort behandelt werden, ist festzustellen: Jedes der in diesen Sichtworten behandelten Elemente ist der Urform der direkten Beziehung zwischen zwei Menschen im Gespräch entsprungen - und nichts anderes geschah vor 3000 Jahren auf einem ägyptischen Wochenmarkt, als was sich heute in einem klimatisierten, glitzernden Fachgeschäft in der Fußgängerzone einer beliebigen Stadt abspielt!

Aus vielen vertraulichen Gesprächen mit Damen und Herren im Verkauf, besonders im deutschsprachigen Raum, zeigt sich immer wieder, dass es eine Frage der inneren Einstellung zum eigenen Berufsbild ist, die einen wesentlichen Pfeiler für gelöstes und erfolgreiches Verkaufen darstellt.

Zuvorderst steht die Einsicht: Verkaufen an sich ist keine Schande!

Im Fachhandel Leistung und Ware gegen Geld zu tauschen, heißt weder unterwürfiges Anbiedern noch Austricksen unschuldiger Interessenten!

Gute Produkte und Dienstleistungen anzubieten, ist kein Akt des Betruges an unwissenden, unmündigen Mitbürgern, sondern seit Bestehen menschlicher Wirtschaftsaktivitäten Grundlage unserer materiellen Existenz, Basis des Wohlstandes und Wohlergehens jeder menschlichen Gemeinschaft!

Konsequenz

Beobachten Sie einen sog. „Demonstranten“ am Eingang eines Kaufhauses oder an einem Messestand, um hilfreiche Beispiele gekonnter Warenpräsentation zu studieren! („Demonstrant“ ist hier nicht zu verwechseln mit einer Person, die ihre Meinung in der Öffentlichkeit per Transparent oder lautstark kundgibt, obwohl die beiden Vorgängen gemeinsame Wortwurzel das lateinische „monstrare“, „zeigen“, ist).

Abgesehen von dem Mechanismus der sog. „„Gruppendynamik“, wie z. B. der Vorreiterrolle des ersten, der zum Geldbeutel greift, lassen sich für den Fachhandel bemerkenswerte Einsichten für das eigene Beratungs- und Verkaufsgespräch ableiten:

1. Die Verwendung konkreter Hilfsmittel zum Aufzeigen des Zustandes vor dem Kauf des gezeigten Produktes - also des Zustandes bis heute - und des neuen, verbesserten Zustandes mit dem gezeigten Produkt, also des *„ab sofort aber...“*

2. Die Darbietung der Eigenschaften, Vorteile und Nutzen des gezeigten Angebotes an eindrücklichen, praktischen Beispielen. Das *hörbar* Machen, *fühlbar* Machen, das *In-die-Hand-Geben* des Angebotes (s. „Perlenkette“).

3. Weiterhin vorbildlich ist in der Regel die sprachliche Umsetzung und Dramatisierung in der Darbietung, die erfahrungsgemäß stets dann einsetzt, wenn der Zuhörer der Meinung ist, jetzt bereits alles Wichtige zu wissen, wenn also die Aufmerksamkeit nachzulassen droht.

4. Schließlich das unmerkliche Zerlegen der Gesamtentscheidung für den Kauf in eine Reihe von kleinen Schritten, Teilentscheidungen, so dass im Laufe des Vertrags gleichsam Stück für Stück des Angebotes bereits gekauft ist, bevor endgültig zum Geldbeutel gegriffen wird.

Abgesehen von der grundsätzlichen Überlegung, ob es notwendig ist, gewisse Produkte überhaupt herzustellen (53. Gemüsehobelpatent, Entsafter, Wunderwerkzeuge, Superbratpfannen, Superfensterleder etc.), beweist die Tatsache, dass sich diese Verkaufsform über die Jahrtausende hält und bewährt, dass eine gekonnte, konzentrierte und gezielte Präsentation vom KundInnen honoriert wird.

Es schlummern Motive für rasche Kaufentscheidungen in uns allen, die selbst einer offensichtlichen „Show“ in der Darbietung durch (oftmals sogar schmunzelnden) Kauf Referenz zollen.

Wieviel mehr Bonus genießen dann Verkäuferinnen und Verkäufer im Fachgeschäft, wenn die Angebotspräsentation jenen Schimmer der Kunst des Marktverkaufs enthält, wenn durchscheint, dass ein Angebot präsentieren auch für den Anbietenden einen Hauch immer neuer Faszination genießt (s. Stichwort „Kauferlebnis“)?

Abschlussphase

Erkenntnis

Als Abschlussphase eines Beratungs- und Verkaufsgespräches bezeichnen wir jene Zeitspanne, in der bei einem Kaufinteressenten allmählich die für einen Kauf sprechenden Aspekte gegenüber den warnenden, von einem Spontankauf abhaltenden Aspekten überwiegen.

Die Abschlussphase ist vor allem aus zwei Gründen im Gespräch die kritischste Zeitspanne:

1. Für die Damen und Herren im Verkauf ist es notwendig, den Zeitpunkt des inneren Kaufes beim Gesprächspartner so exakt wie möglich festzustellen.

Wird dieser Zeitpunkt zu früh vermutet, verstärken sich noch bestehende Widerstände der InteressentInnen instinktiv und ein Verkauf ist dann erfahrungsgemäß nicht mehr - oder nur noch „mit dem Holzhammer“ - möglich.

Wird der Zeitpunkt zu spät erkannt, kann die innerlich bereits erfolgte Zustimmung des Interessenten jederzeit wieder umkippen (die sog. Latenzphase), da nach aller Erfahrung eine positive Entscheidung beim Käufer der Verstärkung durch Bestätigung der Richtigkeit der Wahl bedarf (s. Stichwort „Willensbildung“).

2. Haben Verkäuferin oder Verkäufer die innere, positive Entscheidung des Kunden richtig erkannt, aber zeigen dies durch zu energisches, überzogen siegesbewusstes Verhalten, werden sie in den Augen der Interessenten gefährlich.

Denn in aller Regel ist jeder Kaufakt, abgesehen von Bagatellkäufen, mit einem gewissen Risiko behaftet. Daher wirken in der kritischen Abschlussphase alle verunsichernden Erscheinungen um ein Mehrfaches belastender als in jeder anderen Phase des Gesprächs.

Konsequenz

Dem routinierten Verkaufspersonal zeigt die jahrelange Erfahrung aus Gesprächen über die immergleichen Produkte und Dienstleistungen auf, wann und wie in der Regel von Interessentenseite beim Aufzeigen bestimmter Aspekte des Angebotes reagiert wird. (Diese Erfahrungen sollten übrigens innerhalb eines Verkaufsteams im Rahmen von Besprechungen ausgetauscht werden.)

Weiterhin zeigen Untersuchungen auf, dass ein Wechsel in der Sprechweise des Interessenten stattfindet, nämlich von der Verwendung der Möglichkeitsform *(„... könnte ich mit diesem Produkt auch... ?")* in Formulierungen, die stillschweigend bereits den Besitz des Artikels voraussetzen *(„Sie meinen also, ich kann mit diesem Artikel in meinem Garten auch... usw.?")*.

Ergänzend sind es die erwähnten Signale der Körpersprache (s. Stichwort „Körpersprache"), die einem geschulten Beobachter Abschlussbereitschaft signalisieren, zusammenfassen unter dem Oberbegriff „Zuwendung, Neugier, Begreifen"

Sofort bei Erkennen der Abschlussbereitschaft werden gut trainierte Verkäuferinnen und Verkäufer den Verkauf nicht mehr gefährden. Vor allem soll das Anbringen weiterer Argumente unterbleiben!

Solche würden möglicherweise neue Unsicherheit bedeuten, auf jeden Fall aber weitere Konzentration rauben, die Entscheidungsalternativen nachträglich erhöhen und bei einem Rest von Unentschlossenheit mögliche „Hintertürchen" öffnen, um sich aus der getroffenen Entscheidung doch noch „davonstehlen" zu können.

Es folgt das kurze Zusammenfassen all jener Aspekte des Angebots, in denen bis zu diesem Zeitpunkt mit dem Interessenten Übereinstimmung erzielt wurde (s. Stichwort „Marktschreier").

Schließlich folgt die letzte Kontrollfrage, einen Aspekt betreffend, der nach dem Zeitpunkt des Kaufes bzw. der Lieferung liegen muss. Hierzu zählen die berühmten Alternativfragen *„Wünschen Sie die Lieferung denn lieber am Wochenanfang oder am Wochenende?“* oder *„Habe ich richtig beobachtet: Sie ziehen das rote Modell dem beigen vor?“*

Dieser Schritt ist wichtig, wenngleich gefährlich, wenn er zu früh erfolgt: Gewitzte Kunden - und dies ist heute der überwiegende Teil (s. Stichwort „Berufskonsumenten“) - durchschauen den Sinn der Frage und reagieren offen abwehrend.

Auch in diesem Punkt gilt: Es ist keine Schande, kein unwürdiges Drängen, wenn das Verkaufspersonal zielbewusst zum Abschluss schreitet. Selbst das „Nein, danke, ich überlege es mir noch einmal“ bedeutet keine persönliche Beleidigung, sondern eine legitime und mögliche Reaktion - der Verkauf lebt mit Siegen und Niederlagen!

Auge in Auge

Erkenntnis

Immer wieder stellen selbst erfahrene, routinierte Verkäuferinnen und Verkäufer die Frage: „Gibt es einen Kunstgriff, eine bestimmte, bewährte Formulierung, um dem Gespräch die entscheidende Wendung zum Kunden-Ja zu geben? Und vor allem, wie verfahre ich, wenn mein(e) Gesprächspartner nur wenig fragen, nur schleppend antworten oder eigentlich entschlossen scheinen, aber von sich aus nicht die Initiative zum Auftrag ergreifen?

Grundsätzlich gilt das unter dem 20. Stichwort „Abschlussphase“ beschriebene Vorgehen, um zielstrebig auch diese Situation zu meistern.

Was sich jedoch in der überwiegenden Zahl der verbleibenden, „schweren Fälle“ bewährt hat, ist, was man als „die Flucht nach vorne“ bezeichnen kann; dies stets dann, wenn Verkäuferin oder Verkäufer instinktiv spüren: „Eigentlich wäre es jetzt soweit!“

Nennen wir diese simple Methode „Auge in Auge“ - sie führt entweder rasch zum Erfolg, also zur Unterschrift des Kunden bzw. dem Griff zum Geldbeutel, oder aber sie lässt einen ohnehin gescheiterten Versuch auf eine für beide Seiten würdige und höfliche Art enden.

Wie lässt sich dieses Vorgehen beschreiben?

Konsequenz

Der direkte, offene Augenkontakt gilt, nicht nur im Sinne eines Instrumentes der Körpersprache im Verkauf, sondern grundsätzlich in allen Lebensbereichen, als ein Zeichen für Offenheit und direkte, ehrliche Ansprache des Gegenübers.

Ein lateinisches Sprichwort sagt: „In oculis animus habitat“ - in den Augen wohnt die Seele!

Hat sich die Verkäuferin, der Verkäufer nun also mit der Beratung oft über mehrere Viertelstunden hinweg Mühe gegeben, ist es keinesfalls ein Tabu, den Interessenten direkt zu befragen, welche Fragen ihm noch nicht genügend beantwortet erscheinen; in welchem Bereich seine Zweifel liegen; was denn die letzten Barrieren sind, die zwischen ihm und dem Angebot stehen?

Niemals direkt zu erfahren sind versteckte Abneigungen, die im emotionalen Bereich liegen und damit oftmals gar nicht in direktem Zusammenhang mit der angebotenen Ware oder Dienstleistung stehen und deshalb auch nicht direkt - „rational“ - beantwortet werden können (was an Erklärungen folgt, sind dann sog. Vorwände, keine echten Einwände!).

Die Regel lautet: Auge in Auge erfragte Zweifel, die eine konkrete, praktische Antwort - echte Einwände - aus dem Kunden locken, geben dem Gespräch meist den entscheidenden positiven Abschluss (vorausgesetzt, sie können befriedigend behandelt werden).

Ist die Antwort dagegen ausweichend, nicht konkret, liegen die Motive zur Ablehnung im emotionalen Bereich (z. B. die Scheu zuzugeben, dass ein genannter Preis zu teuer ist o. ä.). Dann endet ein Gespräch meist an dieser Stelle.

Erfahrene Verkäuferinnen und Verkäufer bestätigen jedoch, dass es gerade die „Auge in Auge“ gestellte Frage war, auf die der Interessent eigentlich gewartet hat, im Sinne von „*...ich hätte ja schon längst ja gesagt, Sie haben mich nur noch nicht direkt gefragt!*“

(Ein einfacher Grund übrigens auch dafür, warum viele mögliche Ehen nicht zustande kommen...)

Tatort

Erkenntnis

Wo und unter welchen äußeren Umständen das Kunden-Ja ausgesprochen wird, spielt beim Kauf geringwertiger Ware keine ausschlaggebende Rolle. Die (leider) in Fachgeschäften noch immer üblichen Verkaufstheken, oft noch bis nahezu Brusthöhe, stellen zwar unverändert auch symbolisch eine Barriere zwischen Verkaufenden und Interessenten dar, werden aber wohl nie aus dem Bild des Fachhandels verschwinden.

Eine überragende Bedeutung erhält der eigentliche Abschlussort - etwas ironisch als „Tatort“ bezeichnet - im Bereich der höherwertigen Waren und Dienstleistungen.

Denn entgegen üblicher Auffassung spielt es aus emotionalen Gründen eine wesentliche Rolle, unter welchen Umständen, in welchem äußeren Rahmen, an welchem Platz, in welchem „Klima“ im Fachgeschäft die neugewonnene Kundin, der neugewonnene Kunde die Unterschrift unter den Kaufvertrag leistet.

Da bei den heute üblichen Service-und Garantieleistungen, bei der oft üblichen Hauslieferung in der Regel ein Formular ausgefüllt wird (auch, um die Kundenadresse und Zusatzbemerkungen letztlich für künftige Ansprachen festzuhalten), zeigt die Verkaufspraxis auf, dass es, wie im Stichwort „Abschlussphase“ beschrieben, die wenigen Augenblicke zwischen stumm erkennbarer oder gar bereits wörtlich formulierter Zustimmung zum Kauf und der Leistung der Unterschrift sind, die anscheinend bereits „gelaufene Rennen“ noch scheitern lassen können.

Wird die in die Aufnahme der Personalien vertiefte Verkäuferin für Minuten ans Telefon im Nebenraum gerufen, passiert weltweit Hunderte Male, dass die Kundin in der Zwischenzeit aufsteht und sich z. B. das Produkt nochmals eingehend betrachtet, dann einen kurzen Rundgang durch das Ladengeschäft antritt - und die endlich zurückkehrende, verdutzte Verkäuferin mit neuen Fragen bombardiert oder gar bemerkt: *„Diesen Artikel haben Sie mir aber noch gar nicht gezeigt, der ist ja viel billiger!"* - und alles geht von vorne los...

Sicher: Verkaufen heißt nicht, KundInnen zu überrumpeln. Aber es bedeutet, mit Bestimmtheit und Zielstrebigkeit ab dem Moment der einmal getroffenen Entscheidung konsequent und zügig zur Unterschriftsleistung zu führen.

Dies kann nur an einem gut gerüsteten „Tatort" geschehen, an dem beide, Neukunde und Verkaufender, bis zur Verabschiedung ungestört verweilen können.

Konsequenz

Am „Tatort“, also an jenem Ort, an dem oft Entscheidungen über die Investitionen schwer verdienter Tausender schriftlich festgehalten werden, hat zwingend eine Atmosphäre zu herrschen, die der zweifellos stets vorhandenen, inneren Erregung von Verkaufenden und Käufern (!) entgegenkommt.

Angebotene Getränke, die erste Spannungen lösen und die Ungezwungenheit der Situation fördern sollen; Rauchwaren, die einem Gewohnheitsraucher nach langen Minuten der Zwangsenthaltsamkeit während des Beratungs- und Verkaufsgesprächs wie eine Erlösung vorkommen, sollten ebenso selbstverständlich sein wie bequeme Sitzgelegenheiten, freundliche Beleuchtung und eine heimelige Ausstattung des Abschlussortes.

Weiter ist wesentlich das Vorhandensein jedes zu einer Auftragserteilung erforderlichen technischen Details (s. Checkliste zur praktischen Umsetzung im Anhang), wie Schreibzeug, Stempelkissen etc. sowie ein Telefonanschluss, um bei evtl. nötigen Rückfragen das Verlassen des Platzes zu vermeiden.

Schließlich die eingeschworene Übereinstimmung zwischen Kolleginnen und Kollegen sowie der Geschäftsleitung, dass der Moment des Abschlusses ein absolutes Tabu gegen jede Störung bedeutet: Telefonanrufe von außer Haus für die beschäftigte Verkäuferin, den im Gespräch befindlichen Verkäufer sind freundlich, aber bestimmt abzuhalten, Rückfragen von internen Stellen an das beschäftigte Personal sind zurückzustellen.

Erfahrungsgemäß wird kein Verkaufsabschluss in dieser Phase scheitern und der Neukunde, die Neukundin im Gegenteil eine präzise und konzentrierte Vertragsabfassung honorieren, sofern besonders am Ort der Unterschriftsleistung der Kundschaft und dem Verkaufspersonal (!)

die notwendige Höflichkeit entgegengebracht wird, indem man sie ungestört lässt.

Arbeitsbögen („Checklisten“') - zur praktischen Umsetzung am Verkaufspunkt und mit dem Warenangebot

„Grau, Freund, ist alle Theorie...“ - wer kennt nicht diese Zeile aus Goethes Faust!

Praktische und dauerhafte Verkaufserfolge fußen in aller Regel auf gründlicher und überlegter Planung und auf ständiger Kontrolle des Erfolges. Diese Erfahrung gilt vermehrt auch für den Facheinzelhandel, wenn es um die Umsetzung des Warenangebotes in gute Werbung, gekonnte Warenpräsentation und die Feststellung der „Verkäuflichkeit“ eines Angebotes im Rahmen des Kundengespräches geht.

Eine Vielzahl von Verkaufsseminaren und Mitarbeitergesprächen im Facheinzelhandel zeigte immer wiederkehrende und dabei eigentlich einfach zu behebende Schwächen im Beratungs- und Verkaufsgespräch auf, die sich wie folgt zusammenfassen lassen:

- Selbst im Rahmen einer kleinen Verkaufsmannschaft finden sich von Verkäufer/in zu Verkäufer/in inhaltlich unterschiedliche Argumentationen für ein Produkt - obwohl von seiten der Hersteller in der Regel hervorragend produktbezogen geschult wird.

Ein Grund: Sachliche Argumente werden nach individuellen Fähigkeiten und Vorlieben mit unterschiedlichen emotionalen Argumenten gemischt - so wird dann oft, trotz besten Willens, eigentlich Nebensächliches überbewertet.

Daher gilt es, Supervision, also internen Austausch untereinander über alltägliche Erfahrungen aus dem gemeinsamen Arbeitsumfeld, einzuführen.

- Es verwenden besonders langjährig gediente Verkäufer/innen seit Jahren nahezu unverändert die gleichen Argumente für ein Angebot, gehen nach der gleichen, durch stete Wiederholung oft schwunglos gewordenen Darstellungsweise vor und scheitern oft bei der sprachlichen Umsetzung neuer Produkteigenschaften - leider gefördert durch Routine und oft fehlende Anreize zum Überdenken einer eingefahrenen Argumentationsweise durch keine oder zu seltene Argumentationsschulung!

Weil dem Autor aus eigener Verkaufserfahrung bewusst ist, wie schwierig es ist, im richtigen Moment das passende Wortbild zur Hand zu haben, sich in jedes Produkt in Ruhe „einzudenken", um Produkteigenschaften, -vorteile und -nutzen optimal umzusetzen, finden sich auf den nächsten Seiten praktische Arbeitsbögen („Checklisten") zur Anwendung im eigenen Unternehmen und am jeweiligen Produkt.

Diese Listen erheben keinerlei Anspruch auf Vollständigkeit und sind eher als Gedankenanstoß zur Eigeninitiative gedacht.

Sie haben sich jedoch in Hunderten von Seminaren praktisch bewährt und sind daher als Grundstock jedes innerbetrieblichen Trainings zu verwenden. Vor allem zur Einschulung neuer Mitarbeiter und Lehrlinge sind sie äußerst dienlich, um Produkte rasch und umfänglich nahezubringen.

Arbeitsbogen I: Welt der Gefühle

Welche Empfindungen erfassen Sie beim Betrachten und Betasten des jeweiligen Produktes, beim Prüfen des jeweiligen Angebotes?

Beispiel: Ein Stoff kann sich anschmiegsam anfühlen, eine Küchenmaschine kann nüchtern und kalt wirken etc.

Erfassen Sie die ersten spontanen fünf Eindrücke auf der linken Seite!

Suchen Sie dann in Ruhe und unter Zuhilfenahme Ihrer Phantasie und der Ihrer Kolleginnen und Kollegen dazu passende Wortbilder und Vergleiche, und tragen Sie diese auf der rechten, gegenüberliegenden Seite ein! *(Auch das in jeder Buchhandlung erhältliche „Wörterbuch der Synonyme" kann hier eingesetzt werden!)*

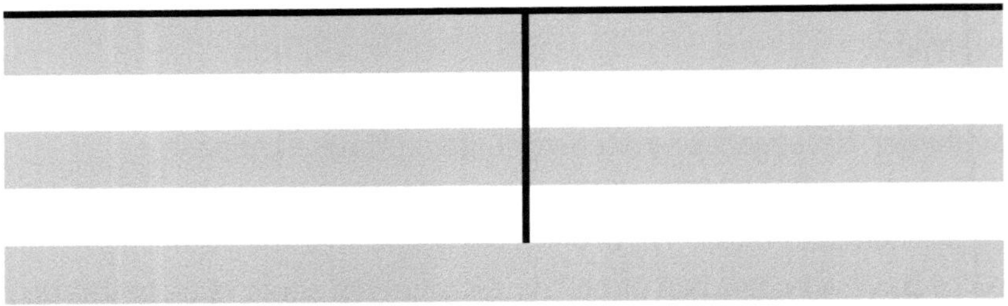

Bitte unterscheiden Sie: In der Regel sind nicht alle erfassten Gefühlseindrücke „positiv". Es gilt jedoch, sämtliche Empfindungen zu erfassen, um dann auch für die negativen eine Erklärung zu finden, ihre Ursachen zu verstehen.

So mag es sich z. B. herausstellen, dass ein Produkt „nüchtern und kalt" wirkt, weil es vom Hersteller bewusst sachlich „gestylt" wurde, damit es durch eine glatte Oberfläche und neutrale Farbgebung leicht zu reinigen ist und weniger leicht verschmutzt! (Im Zweifelsfall beim nächsten Mal den Vertreter für das Produkt ins „Kreuzverhör" nehmen und diesen die Argumentation erarbeiten lassen - auch das gehört zur Aufgabe eines Reisenden!)

Arbeitsbogen 2: Nutzenvielfalt

Beachten Sie bitte dazu 17. Stichwort „Nutzenkonzentration“.

Welche deutlichen und auch den Laien überzeugenden fünf Eigenschaften des Angebotes, des Produktes fallen Ihnen spontan ein?

(Es empfiehlt sich, nicht mehr, aber auch nicht wesentlich weniger als fünf Eigenschaften zu erfassen und sich einzuprägen. Wie die fünf Finger einer Hand ist eine solche „Fünf-Finger-Liste“ dann nämlich jederzeit und für jedermann leicht zu behalten!).

2. Welcher deutliche Nutzen ergibt sich aus diesen fünf Eigenschaften des Angebotes bzw. des Produktes? (Bitte zu jedem Hauptwort ein passendes Eigenschaftswort notieren.)

Beispiel: Handlichkeit: handlich/griffig/zweckmäßig

(Es empfiehlt sich hier bereits, mit dem „Wörterbuch der Synonyme“ zu arbeiten, in jeder Buchhandlung erhältlich und ein wahrer Schatz an „alternativen“ Begriffen für den Verkauf!)

3. Welches dieser Argumente (welcher Nutzen) ist nach Ihrer Erfahrung/Meinung am häufigsten ausschlaggebend für das Kunden-Ja?

Rangfolge:

____________________ ____________________

____________________ ____________________

____

Wichtig: Füllen Sie diesen Teil zuerst alleine und ohne Rücksprache mit Kolleginnen und Kollegen aus. Vergleichen Sie dann im 2. Schritt Ihre Erfahrungen/Meinungen mit denen Ihrer Kolleginnen/Kollegen.

Erstellen Sie dann letztendlich eine - ausdiskutierte - „Hitparade“ - Fünf-Finger-Liste - der nutzenbezogenen Argumente!

Arbeitsbogen 3:
Produkt und Alltag

Bitte beachten Sie hierzu das Stichwort „Berufskonsumenten“ sowie das Stichwort „Fachwissen“, und das Stichwort „Nutzenkonzentration“.

l. Welche Schwächen in Qualität und Anwendung kann ein Produkt dieser Art grundsätzlich aufweisen, vor allem nach längerem Gebrauch?

(Bitte beachten Sie: Diese Frage bezieht sich nicht nur auf das vorliegende, sondern auch auf alle Konkurrenzprodukte dieser Art, ja, auf die ganze Produktlinie insgesamt.

Beispiel: Bettlaken können theoretisch immer einlaufen, ihre Farbe nach dem Waschen verlieren, nach längerem Gebrauch Fäden ziehen usw.)

____

____

____

2. Welche besonderen Eigenschaften sind aufgrund dieser Zusammenstellung bei besonders guten Produkten dieser Art daher besonders wichtig?

(Beispiel: bei Bettlaken Köperbindung des Gewebes, hochstapelige Ware, feinfädiges Garn o. ä.)

____

____

____

____

3. Aus diesen Eigenschaften wählen Sie bitte, nach Rücksprache mit Ihren Kolleginnen und Kollegen, die fünf nach fachmännischer Beurteilung wichtigsten Eigenschaften aus - Fünf-Finger-Liste der im Alltag entscheidenden Pluspunkte Ihres Angebotes!

____________________ ____________________

____________________ ____________________

____

Arbeitsbogen 4:
Tatort

Bitte beachten Sie dazu das Stichwort „Lust und Unlust" sowie das Stichwort „Tatort".

1. **Das optimale Arbeitsklima für die Abschlussphase bei beratungsintensiven Produkten ist bei uns gewährleistet durch**

- optimale Beleuchtung am „Tatort",
- optische und akustische Abschirmung gegen Störungen am Abschlusstisch,
- Bequemlichkeit/Behaglichkeit,
- positive, beruhigende Farbgebung am „Tatort".
- ...was fehlt nach Ihrer Meinung in dieser Reihe?

2. **Das Handwerkszeug für die Abschlussphase besteht aus**

- Abschlussunterlagen (Kataloge, Preislisten etc.),
- Rechenmaschine, Schreibzeug,
- Telefon,
- Aschenbecher, Gläser etc. für Bewirtung.

...was fehlt nach Ihrer Meinung noch an dieser Stelle?

- ______________________________
- ______________________________
- ______________________________
- ______________________________

Die vier wesentlichen Bausteine des neuen Denkens in Wirtschaft und Verwaltung

Kein Jahrhundert vor uns bescherte der Menschheit so viele und so wesentliche Erkenntnisse darüber, von welchen biologischen und seelischen Funktionen unser Denken abhängt, wie das unsere.

Niemals zuvor konnte so deutlich aufgezeigt werden, wie unser Bewusstsein und unsere Weltsicht unser Verhalten im Wirtschaftsleben und die Formen unseres Zusammenlebens in der Gemeinschaft prägen und beeinflussen.

Die weitreichende Abhängigkeit unserer Weltsicht von unserer Zugehörigkeit zu einer bestimmten geistigen Epoche weist uns deutlich als jeweilige „Kinder unserer Zeit" aus: getragen und abhängig vom herrschenden Zeitgeist, der wiederum vor allem durch die Formen und Grenzen unserer Denk- und Einsichtsfähigkeit bestimmt wird.

Durch die Möglichkeiten unserer läge, Geschichte sozusagen im Zeitraffer - durch Bücher und Filme - mit mikroskopischer Genauigkeit darzustellen, zeichnen Medizin (Neurobiologie), Völkerkunde, vergleichende Geschichtsforschung, Sozialpsychologie usw. ein für jedermann jederzeit nachvollziehbares Bild der Entwicklung des menschlichen Geistes in einem neuen Lichte. Es gilt dabei als erwiesen, dass „Denken" - und damit auch Handeln in Wirtschaft und Gesellschaft - sich nicht gleichmäßig und in einer bestimmten Dimension fortentwickelt hat und fortentwickeln wird.

Vielmehr formt sich die Art und Weise, wie unser Denken „funktioniert" und dadurch unsere Weltsicht prägt, in einem Prozess der gegenseitigen Beeinflussung von biologischen und physiologischen Vorgängen und sogenannten „Bewusstseinsmutationen" - sprunghaften Entwicklungen unserer Einsichts- und Erkenntnisfähigkeit.

Es gilt weiterhin als erwiesen, dass beim „modernen Menschen" (darunter versteht die Wissenschaft den Menschen der letzten vier bis fünf Jahrtausende) durch eine rasante Entwicklung eines bestimmten Teiles der Hirnrinde, des sog. „basalen Neocortex", Denkweisen und Denkstrukturen erschlossen werden, die heute für die Zukunft kaum vorhersehbar sind und gestern für den heutigen Menschen im Wesentlichen nicht vorhersehbar waren.

Wurde in der vorliegenden Arbeit im Kapitel „Der europäische Mensch der 90er Jahre" unsere psychische Verwurzelung und das Fußen unseres Verhaltens in der Ahnenreihe unserer Vorfahren aufgezeigt, so muss diese Übersicht abschließend ergänzt werden durch das Aufzeigen der geistigen Komponenten unserer Weltsicht.

Für die Wirtschaft und insbesondere den Handel ist es für ein harmonisches Innenverhältnis (Mitarbeiterführung, Nachwuchsförderung und Betriebsklima) und für die tragenden Kontakte der Unternehmen nach außen (Werbung, Beratungs- und Verkaufsgespräche, Angebotspalette) lebensnotwendig, die Herausforderungen dieses neuen Denkens zu kennen. Untersuchungen belegen, dass die heute 12-24jährigen (ein Fünftel der gesamten Bevölkerung der Bundesrepublik und bereits heute eine bedeutende Nachfragemacht!) „anders denken" und auch vermehrt anders denken wollen als ihre Eltern.

Diese jungen Menschen sind aber heute bereits Kollegen und Mitarbeiter in Fachgeschäften und Betrieben, fordern unsere Auseinandersetzung, bringen Impulse oder aber leben - bei Unverständnis durch andere Generationen - mit Unmut, Resignation oder innerer „Selbstpensionierung".

Aber nicht nur junge Menschen werden von der sich zugegebenermaßen als langsamer Übergang abspielenden Umwälzung des Denkens erfasst. Die neue Sicht vieler Dinge macht sich zunehmend auch im Denken, Fühlen und Handeln älterer Personen jeder sozialen Schicht bemerkbar, ob Mitarbeiter oder Kunde.

Die Schlagworte „alternativ“ und „progressiv“, die Begriffe „aussteigen“ oder „umdenken“ sind längst aus dem Bereich des Verdächtigen in den Wortschatz ernstzunehmender Mitbürger übergegangen, die fernab vom Verdacht stehen, „alternative, weltverbesserische Träumer“ zu sein, Menschen, die Ausgewogenheit bei der Umstellung des Weltbildes beweisen.

Wie sich die für die Wirtschaft und besonders den Fachhandel wesentlichen Merkmale - Bausteine - dieses neuen Denkens darstellen, wird nachstehend kurz dargestellt.

„Der Mensch ist das Maß aller Dinge, der Seienden, dass sie sind, der Nichtseienden, dass sie nicht sind!“ „Homo-mensura“-Satz des Protagoras (griech. Philosoph, 480 v. Chr.)

I. Baustein: Der Mensch als Maß

Das Messen des Machbaren, des Zumutbaren und des Erlaubten am Menschen: Wirtschaft für den Menschen statt umgekehrt.

Erkenntnis

Nach allgemein herrschender Auffassung hat sich die Entwicklung von Technik und Wissenschaft verselbständigt. Die Entscheidung über die Herstellung neuer Produkte, über die Produktionsmethoden, über die Vertriebsstrukturen und die Ladengestaltung werden heute meist mit dem Druck von Sachzwängen und dem Laien oft unverständlichen wissenschaftlichen Einsichten begründet. Sie scheinen sich - in unseren Tagen auf die Spitze getrieben - nicht mehr an den Bedürfnissen der Menschen und deren wachsendem Verlangen nach einer sauberen und humanen Umwelt zu orientieren, sondern an der technischen Machbarkeit und der Experimentierfreudigkeit einiger weniger Spezialisten.

Folgen

Nicht nur in der Jugend, sondern in allen Alters- und sozialen Schichten wächst das Verlangen, statt dem Zwang des Sachlichen und der Eigendynamik des technisch Machbaren den Menschen als das Maß dessen wiedereinzusetzen, wie das Leben, besonders auch im wirtschaftlichen Bereich, geregelt werden soll.

Praktische Bedeutung: Zwei Beispiele

- Zunehmende Bedeutung gewinnt im Wirtschaftsbereich der Begriff der Produktethik: die Frage nach der Umweltverträglichkeit, der gesundheitlichen Verträglichkeit, der Moral, ja sogar der Notwendigkeit(!) eines geplanten Produktes oder einer Dienstleistung und der Daseinsberechtigung ganzer Unternehmen.

So fällt es z. B. Unternehmen und Handel immer schwerer, Vertrieb und Verkauf dafür zu begeistern, z. B. für die 42. Variante eines Schokoriegels oder die 14. Weiterentwicklung eines „Superbettes" zu werben; die Zigarettenindustrie, die Rüstungsindustrie, die chemische Industrie müssen mehr Aufwand treiben, um vor allem junge Mitarbeiter zu gewinnen und zu motivieren.

- Die Abkehr von der Warenorientiertheit zurück zur Orientierung am Menschen zeigt sich im wachsenden Dienstleistungsanteil bei Handel und Gewerbe (umfassende Informationen im Vor- und Umfeld des Kaufs, Vermittlung von Finanzierungen, Hauslieferungen, Wartungsverträge, Dauerbetreuung) und in der Wiederentdeckung der Konzentration auf den Nutzen des Angebotes für den Kunden als Menschen. Die nüchterne Zweierbeziehung ‚Ware - Mensch" ist abgelöst durch das wiederentdeckte Beziehungsdreieck „Mensch - Ware - Mensch" (= Verkäufer - Produkt - Kunde). Diese Suche nach menschlichen Kontakten zeigt auch das wachsende Verlangen der Kunden nach persönlicher Beratung und Zuwendung.

„Jede Verwendung eines Menschen, die weniger von ihm fordert und ihm weniger überträgt, als seinem vollen Range entspricht, ist eine Entwürdigung und Verschwendung!“

Aus: „The human use of human beings“ von Norbert Wiener

2. Baustein: Kooperation statt Konfrontation

Das kooperative Führungsverständnis: Delegation von Verantwortung statt von Arbeit.

Erkenntnis

Eine aufgeklärte Epoche, gekennzeichnet von nachlassendem Respekt vor Titel-Autoritäten, erkennt zu Recht natürliche Autorität durch Leistung und charakterliche Qualifikation an. Zudem zeigen die wirtschaftlichen Erfahrungen unseres Jahrhunderts in beiden Wirtschaftssystemen - Kapitalismus wie Kommunismus - ohne Unterschied auf, dass die großen Richtlinien von Volkswirtschaften gleichermaßen wie von einzelnen Unternehmen auf Dauer nur durch motivierte und in ihrer Arbeit erfüllte statt durch autoritär dirigierte Mitarbeiter in die Praxis umgesetzt werden können.

Folgen

Das Modell der kooperativen Führung im Mitarbeiterverhältnis des deutschen Professors Reinhard Höhn mit dem Kernstück der Delegation von Verantwortung statt von Arbeit hat sich, als in sich schlüssiges und der Mentalität des europäischen Menschen gemäßes Führungsmodell, als humanes und damit zeitgemäßes Instrument besonders in Dienstleistungsbetrieben bewährt.

Praktische Bedeutung: Zwei Beispiele

Besonders im Fachhandel bedeutet die Zuteilung von Verantwortungsbereichen (Kompetenzen) eine Bereicherung des beruflichen Alltags. Mitarbeiter/innen, die für abgestimmte Teilbereiche allein oder in Gemeinschaft mit einer anderen Person verantwortlich zeichnen (Schaufenstergestaltung, Warenpräsentation, interne Organisation) sind nachgewiesenermaßen motivierter und stehen auch für die Gesamtbelange des Unternehmens freudiger und qualifizierter ein als bei autoritärer „Zuteilung von Arbeit“ - Lebensfreude und Aufgeschlossenheit gegenüber Problemen steigen deutlich! Andererseits bedingt die Übernahme von Verantwortung gleichzeitig auch einen hohen Stand an fachlicher und charakterlicher Qualifikation. Wie das weltweit markant steigende Interesse an Allgemeinbildung und an Erweiterung des Fachwissens aufzeigt, sind sich Arbeitgeber und Arbeitnehmer dieser Herausforderung bewusst. Der humane und kooperative Führungsstil - gleichsam das Skelett eines Unternehmens - garantiert durch die Möglichkeit zum Einsatz individueller Stärken und Eigenschaften des Einzelnen das bestmögliche Gesamtergebnis des Unternehmens und macht Leistung und Weiterbildung für das Personal wieder lohnend!

„Wer könnte sagen, ob sich nicht ein Bestandteil, wenn er aus dem Zusammenhang herausgenommen wird, im Moment des Herausnehmens entscheidend verändert? (...) Zu studieren sind nicht mehr einzelne Elemente, sondern die Wirkungen der Elemente aufeinander; nicht die Eigenschaften losgelöster Prozesse, sondern die Eigenschaften von Ganzheiten."

Aus: „Organismen, Strukturen, Maschinen", Wolfgang Wieser

3. Baustein: Vernetztes Denken

Erkenntnis

Das Denken in Strukturen und Wirkungsgefügen: Abkehr von der Teilansicht zur ganzheitlichen Sicht.

Erkenntnis

Kaum ein Begriff prägt die zeitgemäße Geisteswelt so sehr wie jener der „Ganzheit". Die Epoche der Einzelwissenschaften, des Spezialistentums, der Teilbereichslösungen in Wirtschaft, Verwaltung und Politik wird abgelöst durch die Einsicht, dass kein Vorgang auf diesem Globus ohne Auswirkung auf andere Bereiche bleibt. Die neue - die ganzheitliche Sicht - wird deutlich in der Entstehung von Doppelwissenschaften (Biophysik, Psychosomatik, Parapsychologie usw.), der steigenden Zahl von „Generalisten" in Politik und Wirtschaft und neuentwickelter oder wiederentdeckter, übergreifender Planungsmethoden in allen Bereichen.

Folgen

Das menschliche Denken, seit der Steinzeit geprägt durch einfache, „eindimensionale“ Ursache-Wirkungsgefüge, muss in allen Bereichen der Vernetzung der Probleme des Daseins Rechnung tragen und sich darin üben, mehrdimensional und multikausal (in Mehrfachgründen) zu erkennen, zu planen, zu rechnen, dies besonders Im Bereich der immer komplexer werdenden Zusammenhänge und der internationalen Vernetzung im Bereich von Wirtschaft und Politik.

Praktische Bedeutung:
Zwei Beispiele

- Besonders durch schockierende Umweltkatastrophen wurde erkannt, dass sowohl plötzliche als auch langfristig schleichende Eingriffe in die Natur Folgen in Gebieten aufweisen, die vorher als nicht in unmittelbarem Zusammenhang stehend betrachtet wurden: Die sog. Kausalkette weist in der Natur Verzweigungen auf, die nicht ohne Folge auch für unsere Betrachtungsweise wirtschaftlicher Vernetzung und menschlich-sozialer Probleme geblieben sind.

- Selbst Wirtschaftszweige wie der Fachhandel sehen sich abhängig von internationaler Verflechtung, wie jüngste Entwicklungen im Finanzbereich zeigen. Menschliche Verhaltensweisen - z. B. Zurückhaltung oder Panik bei Käufen - sind als hautnah erlebte Auswirkungen von Zwischenfällen oder Entscheidungen zu verstehen, die sich ohne Weiteres am anderen Ende der Welt und in ganz anderen Bereichen abspielen können - politische Attentate, Umweltkatastrophen in fernen Ländern, Regierungswechsel, Erfindung künstlicher Ersatzmittel für natürliche Rohstoffe, Epidemien oder neue Ölfunde!

„Die Formen des Lebendigen sind nicht, sie geschehen!"
Aus: »Theoretische Biologie", L. v. Bertalanffy

4. Baustein: Relativität statt Absolutheit

Erkenntnis

Erstmals in der uns bekannten Menschheitsheitsgeschichte wächst auch in der breiten Allgemeinheit die Einsicht in den steten Wandel, die stete Weiterentwicklung der materiellen ebenso wie der geistigen Erscheinungen, die Unhaltbarkeit starrer Formen.

Die Generation der heute 90jährigen musste z. B. im Laufe ihres Lebens die Brüchigkeit und Relativität anscheinend „ewig gültiger Werte" erleben: den Übergang von Monarchie zur Volksherrschaft, das Abbröckeln gewachsener Formen des Zusammenlebens in Familie und Dorfgemeinschaft, den Verlust der Religiosität innerhalb zweier Generationen, den Zusammenbruch eines „tausendjährigen Reiches" innerhalb eines Jahrzehnts und des alten physikalischen Weltbildes durch unglaublich erscheinende Forschungsergebnisse.

Folgen

„Auf was kann man sich heute überhaupt noch verlassen!?" lautet die Frage der einen; „Endlich halten Phantasie, Entwicklung und Fortschritt wieder Einzug in unsere Gesellschaft!", tönen die anderen - und die Meinung beider scheint berechtigt. Dynamik statt Starrheit zeichnet unweigerlich unser soziales Zusammenleben. Die Wissenschaften ebenso wie die Wirtschaft konzentrieren sich mehr auf Organisationsstrukturen und Informationsflüsse statt auf fixierte

Inhalte. Es wird allgemein akzeptiert, dass Inhalte wechseln können, aber reibungsloser Wechsel organisiert sein will - der Glaube an ewig gültige Formen und Werte wird relativiert!

Praktische Bedeutung: Zwei Beispiele

- Im Bereich der Wirtschaft vollzieht sich unaufhaltsam der Wandel vom Denken in Umsätzen und Gewinnen zum Denken in Geschäftserfolgen. Dies ist aber ein deutlicher Sprung vom quantitativen Denken ins qualitative Denken, weil Umsätze und Gewinne direkt messbar und in Zeiträumen festzulegen sind, während die Definition „Geschäftserfolg" auch nicht messbare Faktoren enthält - Arbeitsplatzzufriedenheit, Ansehen und Ruf der Firma, Umweltverträglichkeit und -nützlichkeit u. ä. Durch die Priorität „Überleben" bleibt die Wahl der Mittel zur Zielerreichung flexibel. Es ist erkennbar, dass dies jedoch nur mit qualifizierten und motivierten Mitarbeitern geschehen kann (s. Bausteine l und 2).

Auch kleinere Handelsunternehmen bedienen sich einer Strategie bei der Planung ihrer Aktivitäten. Strategie bedeutet aber, Unvorhersehbares einbeziehen zu können und Flexibilität in der praktischen Umsetzung (Taktik) zu bewahren, statt, wie in früheren Jahren, nur zahlenbezogen-starre Langzeitplanung (Umsatzsoll etc.) zu betreiben.

Strategien haben zudem - sofern richtig verstanden und angewandt - das Erreichen von qualitativen Zielen zum Inhalt statt von quantitativen - so z. B. „das regional bekannteste Fachgeschäft für ...werden" statt „Im Jahr 2000 erstmals mehr als 100000 € Gewinn machen", „die attraktivste Firma für Facharbeiter werden" statt einfach „Im Jahre 2013 zweihundert Leute zu beschäftigen" usw.

Fußnoten und Anmerkungen

1) Kartellamtspräsident Ulf Böge im SPIEGEL-Interview (in: SPIEGEL 27/2000, S. 85 u.) auf die Frage des SPIEGEL: *„Der Konkurrenzkampf der Handelskonzerne treibt die Preise steil nach unten, zur Freude der Verbraucher. Warum mischt sich das Kartellamt ein?“: „Wir haben nichts gegen niedrige Preise. Aber ein unfairer Preiskampf hat negative Auswirkungen auf die Marktstrukturen, weil die mittelständischen Betriebe aus dem Markt gedrängt werden könnten. Das schadet letztlich auch dem Verbraucher“* (Böge)

2) „Cowboys beim Bummeln“, DER SPIEGEL 24/2000

3) Sally und Benett Shaywitz

Über den Autor

Peter Kenkel wurde 1979 in Vechta im Oldenburger Münsterland geboren.

Nach der Mittleren Reife, einer Lehre als Einzelhandelskaufmann und spannenden Jahren in Vertrieb und Verkauf wechselte er in die Industrie als Verkaufsleiter im Bereich Möbel mit Schwerpunkt Büromöbel und entdeckte dort sein Gespür für den engen Zusammenhang zwischen seelischem Wohlbefinden am Arbeitsplatz und einer entsprechend ästhetischen, stimulierenden Umgebung.

Durch den Kauf eines bestehenden Handwerksbetriebes (Peter Kenkel GmbH) eröffnete sich für ihn 2007 die Möglichkeit, diese Erfahrungen in eigene Möbelkreationen einfließen zu lassen und durch die positive Mitgestaltung von Arbeitsräumen Menschen in der Arbeitswelt mehr Lebensqualität zu vermitteln.

Selbstredend waren zur Aufrechterhaltung eines höchstmöglichen Know how in allen unternehmensrelevanten Bereichen berufliche Weiterbildungen Bestandteil seines Arbeitsalltags.

Seit 2001 ist er auch als Geschäftsführer eines mittelständischen Unternehmens der Stahlbaubranche im Raum Vechta tätig, denn Stahl in seiner veredelten Form prägt entscheidend den größten Teil seiner Möbelkreationen.